深远海养殖用网纲材料技术学

石建高　主编

海洋出版社

2022年·北京

图书在版编目（CIP）数据

深远海养殖用网纲材料技术学 / 石建高主编 .— 北京 : 海洋出版社，2022.12
ISBN 978-7-5210-1056-5

Ⅰ . ①深…　Ⅱ . ①石…　Ⅲ . ①深海 – 海水养殖 – 渔网 – 材料技术　Ⅳ . ① S972.1

中国版本图书馆 CIP 数据核字（2022）第 255640 号

责任编辑：高朝君
责任印制：安　森
海洋出版社　出版发行
http：//www.oceanpress.com.cn
北京市海淀区大慧寺路 8 号　邮编：100081
鸿博昊天科技有限公司印刷
2022 年 12 月第 1 版　2022 年 12 月北京第 1 次印刷
开本：787mm×1092mm　1/16　印张：11.75
字数：213 千字　定价：98.00 元
发行部：010-62100090　总编室：010-62100034

前 言

当前我国近海养殖容量趋于饱和，养殖空间不断受到挤压，部分养殖区域水质受到一定污染，面临生态环境、水土资源和发展空间等多方面的压力。推进海水养殖从近海沿岸向离岸、深水及深远海方向扩展是优化海水养殖空间布局、促进海水养殖业转型升级的必然选择。同时，随着全球人口增长、资源短缺等问题的日益严重，陆地资源及优质海产品等已难以满足社会发展需求。在此背景下，发展半潜式养殖平台等深远海养殖装备显得尤为必要。我国政府为此出台相关政策，大力支持深远海养殖生产。2019 年 2 月，农业农村部等十部门印发《关于加快推进水产养殖业绿色发展的若干意见》，明确未来国家将大力支持发展深远海绿色养殖。2021 年 5 月，财政部联合农业农村部印发《关于实施渔业发展支持政策推动渔业高质量发展的通知》，明确指出“十四五”期间国家将继续重点支持建设现代渔业装备设施等。深远海养殖设施作为新型水产养殖模式，将在我国水产养殖中发挥重要作用。

绳索，作为重要的装备材料广泛应用于渔业，同时，也应用于农业、船舶、运输业、建筑业、消防、军事、机械制造、休闲运动等各个领域。因功能、习惯、地域、使用部位或技术领域等的不同，绳索有不同的名称，如“纲索”“纲绳”“绳”和“绳子”等。网纲特指装配在网具上的绳索，而深远海养殖用网纲是指装配在深远海养殖网具上的绳索。深远海养殖位于海况更为恶劣的环境，这对绳索网具材料的性能提出了更高的要求。深远海养殖业的高质量发展离不开网纲等绳索网具材料技术。近年来，中国水产科学研究院东海水产研究所石建高研究员课题组等国内团队创新研发了多种新型绳索网具材料，并在深海渔场“深蓝一号”网具工程的升级改造项目、深海智慧渔旅平台“闽投一号”项目等实际生产中进行了试验、示范或产业化应用，中央电视台等媒体对相关成果进行了多次宣传报道，推动了现代渔业的科技进步。本书重点对深远海养殖用网纲材料的基础知识、生产工艺、质量安全、综合性能、破坏机理、检测技术与结接技术等进行了阶段性总结或系统分析研究，同时，对深远海养殖渔具及渔具材料标准体系也进行了探索性研究，由石建高研究员负责编写并统稿，房金岑研究员作为副主编参加了本书第五章第一节部分内容的编写，程世琪、曹宸睿、姬长干作为副主编参加了本书第三章第二节部分内容的编写。本书主要编写单位为中国水产科学研究院东海水产研究所、中国水产科学研究院、惠州市益晨网业科技有限公司、扬州兴轮绳缆有限公司、郑州中远防务材料有限公司、农业农村部绳索网具产品质量监督检验测试中心、太原理工大学等。本书得到了工业和信息化部高技术船舶科研项目（项目名称：半潜式养殖装备工程开发；项目编号：工信部装函〔2019〕360号）、国家自然科学基金（31972844）、国家重点研发计划项目（2020YFD0900803）、2020年省级促进（海洋）经济高质量发展专项资金（粤自然资合〔2020〕016号）、湛江市海洋装备和海洋生物产业揭榜挂帅制人才团队项目（项目名称：深远海养殖网箱网衣系统的研发与产业化项目编号：2021E05034）等项目的资助或支持。

本书在编写过程中少量采用了文献资料、媒体报道和企业网站等公开的图片，作者尽可能对图片来源进行说明或将相关文献列于参考文献中，如有疏漏之处，敬请谅解。本书也得到了泰山英才领军人才项目（2018RPNT-TSYC-001）、政府购买服务项目“网具及深远海养殖标准体系构建”（A160601）、中国船舶重工集团有限公司科技创新与研发项目（201817K）、技术开发及应用转化项目“高强度PE裂膜纤维渔用绳网开发及应用示范”（202031005200034）、广西创新驱动发展专项资金项目“离岸海域设施化网箱装备研制与养殖技术创新及成果转化应用”等多个科技项目的支持。钟文珠在专著编写中给予了支持与帮助。余雯雯（太原理工大学）、张文阳等参与了资料收集、翻译及校对等工作。编者课题组及其合作单位同志（如严俊、從桂懋、张春文、魏平、李文升、周新基、李大松、孙斌、徐俊杰、王猛、邱昱、黄动昊、孙涛、吕昌麟、王淑婷、刘永利、陈晓雪、徐学明等）参与了相关项目的研发、检测、验证、试验或推广应用等工作。在此一并表示感谢。

为阶段性总结深远海养殖技术成果与实践经验，助力深远海养殖业高质量发展，石建高研究员组织编写了《深远海养殖技术》系列专著。本书为《深远海养殖技术》系列专著中的第三本，第一本为《深远海养殖用纤维材料技术学》，第二本为《深远海养殖用渔网材料技术学》。在深远海养殖中，个别水产养殖装备或设施出现了网破鱼逃、网纲断裂、结构破损、走锚移位等渔业事故，给企业或养殖户造成了重大损失，这已成为制约水产养殖业发展的关键问题之一。为解决上述问题，迫切需要开展相关分析研究或经验总结。本书为深远海养殖用网纲材料技术理论及实践经验的阶段性总结，可供相关管理部门、企业协会、院所高校及专业人员等参考。

本书是国际上首部系统研究深远海养殖用网纲材料技术的重要著作，整体技术达到国际先进水平，部分技术（如深远海养殖用网纲破坏机理理论）达到国际领先水平。期望本书为相关管理部门的科学决策、产学研企协等各界朋友的工作学习提供借鉴，并为实现深远海养殖业高质量发展发挥抛砖引玉的作用。本书是编写单位、编者及其团队、编者合作单位及其团队等20余年来集体智慧的结晶，在此向他们表示衷心的感谢。由于编者水平、编写时间等所限，不当之处在所难免，恳请读者批评指正。

编者
2022年6月

目　录

第一章　网纲材料基础知识

现行水产行业标准《渔具材料基本术语》（SC/T 5001—2014）给出了“绳索”的定义。绳索是指由若干根绳纱（或绳股）捻合或编织而成的、直径大于 4 mm 的有芯或无芯的制品。装配在网具上的绳索则统称为网纲。基于渔业的特点，网纲包括力纲、缘纲、上纲、下纲、网口纲、提网纲、浮子纲、防鸟网纲、捕捞网纲、防护网纲、内网网纲、外网网纲和防逃网纲等。网纲应具备一定的粗度、足够的强力、适当的伸长率、良好的结构稳定性、良好的弹性与柔挺性、良好的耐磨性与耐腐性和良好的抗冲击性等基本力学性能。渔业生产活动中除使用网纲外，还使用锚缆和绑扎绳等绳索。网纲是重要的渔具材料，渔业离不开网纲材料。本章主要概述网纲发展史及基本参数、网纲分类与标记。

第一节　网纲发展史

我国是世界第一的绳索生产大国，为绳索产业的发展做出了巨大贡献。因功能、习惯、地域或使用部位等的不同，在渔业生产活动中人们习惯将绳索称为“网纲”“纲”“绳”“纲索”和“纲绳”等。在水产领域，绳索主要用作网纲、连接框架、悬挂沉块、连接浮球、构建锚泊系统、系泊船舶或养殖设施等。装配在捕捞渔具上的绳索统称为纲索，而装配在网（渔）具上的绳索统称为网纲，装配在深远海养殖网具上的绳索则统称为深远海养殖用网纲。本节主要概述网纲发展史，供读者参考。

和绳索一样，网纲发展也有着悠久的历史。网纲作为一种装配在网具上的专用绳索，在实际生产、贸易、技术交流中，其发展史通常参考绳索发展史。从某种意义上说，猴子等生物是最早使用绳索的生物，它们借助长的“绳状”枝条等爬树、运动（如从一根树枝转移至另一根树枝）。绳索也是人类最古老的人工制品之一。考古学家吉尔伯特指出，“在西班牙东部发现的旧石器时代末期或中石器时代的壁画，描绘的就是一个人使用近似绳索的工具攀爬悬崖，收集野生蜂蜜的画面”［图 1-1（a）］。

网纲等绳索（为便于叙述，以下将网纲等简称绳索）在人类的历史早期就已经出现，然而，这些用天然纤维材料制成的绳索很容易腐烂，它们只能在非常干燥的条件下才能长期保存，因此很少有古代绳索制品遗留下来。人工绳索最早的发现案例之一是考古学家吉尔伯特在芬兰发现的中石器时代（距今约 1 万年前）的一张渔网。1942 年，一群英国士兵探寻了尼罗河畔的图拉洞穴，发现了一根约公元前 500 年由纸莎草制成的绳索［图 1–1（b）］，这根绳索结构类似于现在的三股绳索（其绳纱包括 7 根加捻纤维，绳股包括 40 根纱线，3 根绳股再加捻制成绳索）。更多的绳索信息可从古代图画和书面记录中获得，如一个古埃及芦苇船的图画显示了被绳索支撑的帆等；莱亚德爵士在 19 世纪考古发现的巨型雕像、壁画中发现了很多绳索应用的场景，如约公元前 700 年的美索不达米亚的尼尼微城遗址出土的壁画中，绘有巨像被绳索拉起的画面。

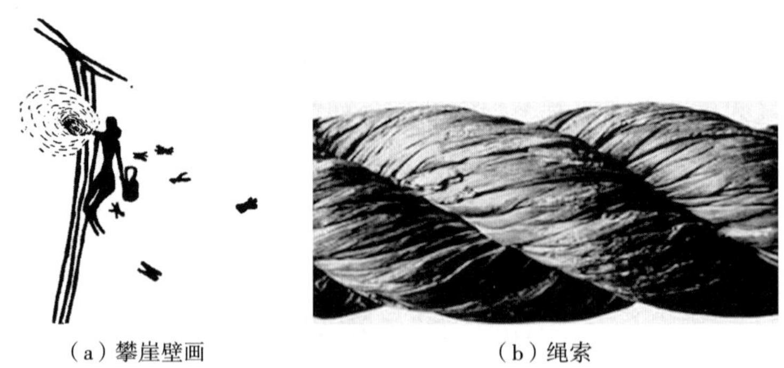

（a）攀崖壁画　　（b）绳索

图 1–1　蜂蜜采集者利用绳索攀崖的壁画与纸莎草制作的绳索

吉尔伯特在牛津大学出版社出版的《技术史》第 1 卷中，介绍“绳索的制造在古代帝国有着最伟大的重要性，由于男人为主要动力之源，而只有通过绳索，一群奴隶才可以将他们的力量联合起来移动巨大的石头，供金字塔和其他遗迹的建设中使用”。大约公元 80 年，罗马竞技场为了表演而搭建的篷布，是帝国舰队中的 300 人用 4 天时间完成的；现代分析技术表明，用于悬挂此篷布的缆绳直径为 50 mm、重量为 3 kg/m、破坏应力为 30~40 MPa、模量为 300~400 MPa。大约在公元前 1450 年，底比斯的绳索制作者就采用了今天依然沿用的加工方法。这项古代文明所开发的技术直到 20 世纪中期几乎都没有改变。在某个地方某个特定的时间，任何一种易弯曲的材料都可用于制造绳索，如在底比斯，人们曾用皮革加工绳索，而在奥克尼群岛，绳索曾用石楠花加工。丝线绳可用于奢侈的装饰材料；天然植物纤维曾在历史上主导着绳索的生产；植物韧皮、叶纤维、马尼拉（Manila）麻、蕉麻和剑麻等都曾被广泛应用于绳索的制作。在 20 世纪 50 年代出版的马休斯的《纺织纤维》中，列出了 49 种不同类型的麻纤维。棉花主要用于柔软绳索的加工，其用户对强力和耐久性要求都不高。在 19 世纪编织的棉线绳用于窗帘的悬挂。自 19 世纪 90 年代黏胶纤维问世以来，化学纤维已经过了 100 多年的发展历程，特别是 20 世纪 30 年代尼龙实现工业化生产后，发展迅猛，出现了很多绳用纤维。

制绳用聚烯烃纤维包括聚乙烯纤维（乙纶，代号 PE）、聚丙烯纤维（丙纶，代号 PP）、聚乙烯醇纤维（维纶，代号 PVAL）、聚氯乙烯纤维（氯纶，代号 PVC）和聚偏二氯乙烯纤维（偏氯纶，代号 PVDC）五类，其中乙纶和丙纶用量最大。乙纶和丙纶生产工艺和设备简单，绳索生产加工企业一般都能自行生产加工，少数企业通过委托外单位加工。维纶绳索主要用于紫菜等藻类养殖生产，制绳用维纶一般由制绳厂向维纶加工厂采购。氯纶绳索及偏氯纶绳索目前在渔业装备与工程上用量非常少。聚酰胺纤维（代号 PA）主要包括聚酰胺 6 纤维（锦纶 6，代号 PA6）和聚酰胺 66 纤维（锦纶 66，代号 PA66）等。聚酯纤维（代号 PET）主要包括聚对苯二甲酸乙二酯纤维（涤纶，代号也为 PET）等。此外，深远海养殖用网纲纤维还包括超高分子量聚乙烯（代号 UHMWPE）纤维、芳香族聚酰胺纤维（芳纶，代号 AR）、碳纤维（代号 CF）、超高分子量聚乙烯裂膜（代号 UHMWPE-F）纤维、中高分子量聚乙烯（代号 MHMWPE）纤维、高模量聚乙烯（代号 HMPE）纤维和生物降解纤维等。关于纤维材料，读者可参考《深远海养殖用纤维材料技术学》等论著。

以上述纤维为基体材料，人们制造出大量的综合性能好的纤维绳索。合成纤维绳索种类很多，根据绳索用基体纤维材料不同，普通合成纤维绳索包括 PE 单丝绳索、PP 单丝绳索、PP 复丝绳索、PP 裂膜纤维绳索、PET 复丝绳索、PA 复丝绳索、聚烯烃（代号 PO）混合纤维绳索等。随着科学技术的进步，出现了许多合成纤维绳索新品种，如上面提到的 UHMWPE 绳索、AR 绳索、CF 绳索、UHMWPE-F 绳索、MHMWPE 绳索、HMPE 绳索和生物降解纤维绳索等。近年来，中国水产科学研究院（以下简称“水科院”）东海水产研究所石建高团队联合荷兰 DSM 公司等单位，创制了特力夫纤维绳索等具有代表性的深远海养殖用网纲新材料，引领了我国深远海养殖用网纲材料技术升级。深远海养殖锚泊一般使用锚链、PP 绳缆或 PET 绳缆等，而深远海养殖用网纲多使用 UHMWPE 绳索、PE 绳索或 PA 绳索等。新型网纲材料技术研究促进了中国深远海养殖业的健康发展。

第二节　网纲基本参数

网纲是重要的渔具材料。渔业生产活动中除使用网纲外，还使用锚缆、绑扎绳等其他绳索。网纲作为一种装配在网具上的绳索，在实际生产、贸易和技术交流中，其基本参数与绳索相同。比如，网纲的质量也与粗度、捻度、捻距、捻系数、编织密度、编织角、花节长度等基本参数密切相关。本节主要概述网纲的粗度、捻度、捻距和编织密度等基本参数，供读者参考。

一、粗度

粗度是网纲最基本的参数之一。网纲作为一种装配在网具上的绳索，其粗度也用直径、周长和线密度等表示。直径和周长是网纲等绳索的重要指标，现简介如下。

在水产技术领域，绳索直径尤其重要，它不但可以用来表示绳索粗度，而且可以作为理论上计算分析捕捞渔具、深水网箱、养殖围栏及深远海养殖装备设施等的一个重要参数，因此，精确测定绳索的直径和周长有重要意义。绳索是柔性体，其截面是一个近似圆，边界并不明显，并且直径与制绳用绳纱种类、结构、捻度及干湿状态等因素密切相关，因此，要非常精确地测定绳索直径必须采用显微镜、投影仪或光学自动测量仪等现代测试仪器设备。国际上对绳索直径测定一般按“Fibre ropes – Determination of certain physical and mechanical properties”（ISO 2307：2019）标准的规定，所获得的直径值仅是一个近似值，绳索直径也因此被称为公称直径或名义直径；绳索周长被称为公称周长或名义周长。绳索直径和周长仅是给出绳索规格大小的一个指标，不能单独用来作为评定绳索性能的依据。不同纤维绳索标准给出的公称直径范围不同，如《渔用绳索通用技术条件》（GB/T 18674—2018）标准中给出的公称直径范围为 4~72 mm。

绳索直径和周长的量取都要在一定预加张力下测量，该预加张力的大小应按 ISO 2307：2019 或《纤维绳索　有关物理和机械性能的测试》（GB/T 8834—2016）等标准。测量直径一般用游标卡尺，测量时游标卡尺夹钳的宽度应在 20 mm 以上，游标卡尺的夹钳两端应慢慢地与绳索相切，游标卡尺应沿着与绳索捻向相反的方向滑动；在绳索不同部位测量数次，取平均值（直径单位为毫米，精确至 0.1 mm）。测量绳索周长一般用钢卷尺，或用一条纸带紧密地绕绳索一周，在重叠处把纸带切断测量其长度；同样应沿着绳索在不同部位测量数次，取平均值（直径单位为毫米，精确至 0.1 mm）。由周长除以 π 可得绳索的“计算直径”。上述绳索直径和周长测量方法比较适用于捻绳、横截面呈圆形的有芯编绳，但用于测量无绳芯的管形编绳及 8 股编绞绳则误差较大。在现代测试技术中，对无绳芯的管形编绳、8 股编绞绳的直径和周长可采用显微镜、投影仪或光学自动测量仪等先进仪器设备进行测量。为了避免误解，在进行设计开发、技术交流或商业贸易等活动时，绳索直径和周长测量方法应由双方取得统一，并在设计报告、检验报告、技术交流资料或商业贸易合同等文件中加以明确说明。

线密度是表示绳索粗度最合适的指标。绳索的线密度能精确测量。水产行业标准《渔具材料基本术语》（SC/T 5001—2014）规定，绳索线密度以综合线密度来表示。综合线密度的符号 ρ_z，单位用“特”（tex）或“千特”（ktex）等来表示，并在数值前加字母 R。如果 1 m 长 8 股 UHMWPE 绳索重 87 g，那么 8 股 UHMWPE 绳索线密度为 R 87 ktex。合成纤维绳索线密度测定按 GB/T 8834—2016 的规定，测定时按该标准附录 A 的规定对纤维绳索施加一定的预加张力，量取试样长度并称其质量。绳索线密度实际上表示了绳索的重量大小，例如，一根 12 股 UHMWPE 绳索综合线密度 R 798 ktex，即表示该 12 股 UHMWPE 绳索 1 m 重量为 798 g。按公式（1–1）计算预加张力时的绳索试样长度，按公式（1–2）计算绳索线密度。

$$L_1=\frac{l_2\times L_0}{l_0} \tag{1-1}$$

式中：L_1——在预加张力时的试样长度（m）；

l_2——预加张力下的标距（mm）；

L_0——按标准方法测量的初始长度（m）；

l_0——按标准方法测量的初始标距（mm）。

$$\rho_{x1}=\frac{m_1}{L_1} \tag{1-2}$$

式中：ρ_{x1}——绳索线密度（ktex）；

m_1——试样的质量（g）；

L_1——在预加张力时的试样长度（m）。

按以往发布实施的“Fibre ropes – Polyethylene—3- and 4-strand ropes”（ISO 1969：2004）、“Fibre ropes – Polypropylene split film，monofilament and multifilament（PP2）and polypropylene high-tenacity multifilament（PP3）– 3-，4-，8- and 12-strand ropes”（ISO 1346：2021）、“Fibre ropes – Polyamide – 3-，4-，8- and 12-strand ropes”（ISO 1140：2021）、“Fibre ropes – Polyester – 3-，4-，8- and 12-strand ropes”（ISO 1141：2021）、“Fibre ropes – Manila and sisal – 3-，4- and 8-strand ropes”（ISO 1181：2004）标准，表 1–1 列出了几种主要类型 3 股捻绳的线密度。由表 1–1 可见，几种主要类型 3 股捻绳在相同直径下其线密度存在差异。捻绳线密度大多取决于制绳用纤维的线密度，在同等制绳工艺条件下，对相同直径的捻绳而言，如果制绳用纤维的线密度越大，那么对应的捻绳线密度越大。图 1–2 表示 PET、PA 和 PP 3 股捻绳线密度与名义直径的关系。

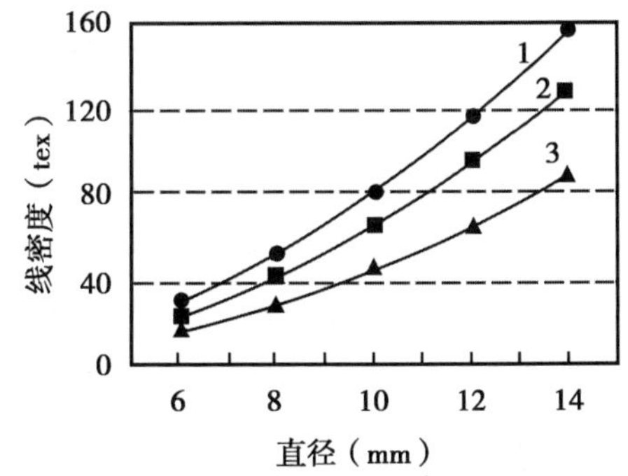

1. PET 捻绳　2. PA 捻绳　3. PP 捻绳

图 1–2　PET、PA、PP 3 股捻绳的线密度与直径之间的关系

表 1-1 几种主要类型 3 股捻绳的线密度[a]

公称直径[b]（mm）	线密度[c, d]					
	3 股 Manila 麻绳索（ktex）	3 股 PP 绳索（ktex）	3 股 PE 绳索（ktex）	3 股 PA 绳索（ktex）	3 股 PET 绳索（ktex）	允许偏差（%）
4	—	7.23	8.02	9.87	12.1	± 10
4.5	14.0	9.15	10.1	12.5	15.3	± 10
5	17.3	11.3	12.5	15.4	19.0	± 10
6	24.9	16.3	18.0	22.2	27.3	± 10
8	44.4	28.9	32.1	39.5	48.5	± 10
9	56.1	36.6	40.6	50.0	61.4	± 10
10	69.3	45.2	50.1	61.7	75.8	± 8
12	99.8	65.1	72.1	88.8	109	± 8
14	136	88.6	98.2	121	149	± 8
16	177	116	128	158	194	± 5
18	225	146	162	200	246	± 5
20	277	181	200	247	303	± 5
22	335	219	242	299	367	± 5
24	399	260	289	355	437	± 5
26	468	306	339	417	512	± 5
28	543	354	393	484	594	± 5
30	624	407	451	555	682	± 5
32	710	463	513	632	776	± 5
36	898	586	649	800	982	± 5
40	1 110	723	802	987	1 210	± 5
44	1 340	875	970	1 190	1 470	± 5
48	1 600	1 040	1 150	1 420	1 750	± 5
52	1 870	1 220	1 350	1 670	2 050	± 5
56	2 170	1 420	1 570	1 930	2 380	± 5
60	2 490	1 630	1 800	2 220	2 730	± 5
64	2 840	1 850	2 050	2 530	3 100	± 5
72	3 590	2 340	2 600	3 200	3 930	± 5
80	4 440	2 890	3 210	3 950	4 850	± 5
88	5 370	3 500	3 880	4 780	5 870	± 5
96	6 390	4 170	4 620	5 690	6 990	± 5

注：a. 表中数据取自 ISO1969：2004、ISO1346：2021、ISO1140：2021、ISO1141：2021、ISO 1181：2004 等国际标准；

b. 公称直径相当于以毫米表示的近似直径；

c. 线密度（ktex）相当于单位长度绳索的净重量，以每米克数或每千米千克数来表示；

d. 线密度在 ISO 2307：2019 规定的参考张力下测量。

国家标准《渔网绳索通用技术条件》（GB/T 18674—2002）给出了几种合成纤维绳索的捻系数要求（表 1–2）。

表 1–2　合成纤维绳索的捻系数

绳索种类	PE 绳索		PA 绳索		PP–PE 绳索		
	A 型	B 型	A 型	B 型	A 型	B 型	C 型
捻系数	≤3.6	≤4.8	≤3.5	≤3.8	≤3.7	≤4.8	≤4.0

二、捻绳基本参数

网纲既可采用捻制结构，又可采用编织结构，它们对应的绳索分别为捻绳、编织绳。根据《纤维绳索术语》（GB/T 40273—2021）标准，3 股及以上绳股沿轴向加捻形成的绳缆称为捻绳。国际上已制定的与捻绳相关的 ISO 标准有 ISO 2307：2019、"Fibre ropes – General specifications"（ISO 9554：2019）、ISO 1969：2004、ISO 1181：2004、ISO 1140：2021 和 "Ropes and cordage – Equivalence between natural fibre ropes and man–made fibre ropes for use in the mooring of vessels"（ISO 3505：1975）等。捻绳质量与粗度、捻度、捻距和捻系数等基本参数相关。近年来，我国陆续发布实施了 GB/T 8834—2006、GB/T 8834—2016 等国家标准（其中，GB/T 8834—2006 国家标准规定了捻绳线密度、捻距等的测定方法，它等同采用了 ISO 2307：1990 标准）。下面对捻绳的捻度、捻距和捻系数等基本参数进行概述。

绳的股线或者股的纱线的一个完整捻回沿绳或股的中心轴方向的长度称为捻距或螺距。捻距的测量如图 1–3 所示；捻绳处于 GB/T 8834—2016 规定的预加张力下，测量同一股的 γ 个完整捻回的长度，对于编绞绳则为 γ 个完整编绞的长度，该长度以 L 表示，单位为毫米；也可用 1 m 长度内的绳股个数，然后按公式（1–3）设计捻距。例如，3 股捻绳在规定预加张力下，1 m 长度内股的个数为 60，则按公式（1–3）可得其捻距为 50 mm。

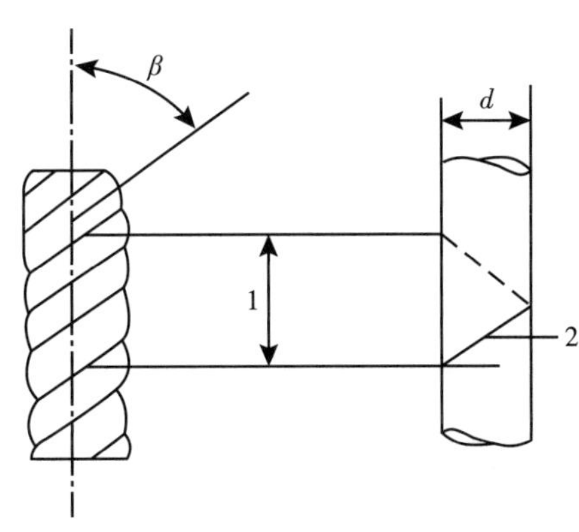

1. 捻距；2. 捻回角

图 1–3　3 股捻绳的捻距与捻回角

$$h=\frac{L}{\gamma}=\frac{1\ 000\times n}{x} \tag{1–3}$$

式中：h ——捻距（mm）；

L —— γ 个完整捻回的长度（mm）；

γ —— L 长度内完整捻回的个数；

n ——绳索的股数；

x —— 1 m 长度内股的个数。

绳索加捻程度也可用捻回角表示。所谓捻回角是指绳股与捻绳的轴线构成的夹角，符号一般用 β 表示，单位为度（°）。捻绳捻回角与直径、捻距的关系如公式（1–4）所示。

$$\tan\beta = \frac{\pi d}{h} \tag{1–4}$$

式中：β——捻回角（°）；

d ——绳索直径（mm）；

h ——捻距（mm）。

捻回角可表征不同粗度和不同材料捻绳的加捻程度；捻回角愈大，表示加捻程度愈高。由公式（1–4）可见，如果捻回角不变，则捻绳捻度与直径成反比（捻绳愈细，则捻度愈大）；如果捻绳直径不变，则其捻度与捻回角的正切成正比（捻回角愈大，则捻度愈大）。

所谓捻度是指 1 m 长度内的捻回数，符号一般用 T_{m} 表示，单位为“T/m”。所谓捻距是指绳股一个捻回的升距长度，符号一般用 h 表示，单位为毫米。所谓捻系数是指捻距对直径的比值，捻系数符号一般用 α_{mss} 表示。捻系数表示绳索加捻的相对数值，以公式（1–5）表示

$$\alpha_{mss} = \frac{h}{d} \tag{1–5}$$

式中：α_{mss} ——捻系数；

h ——捻距（mm）；

d ——捻绳直径（mm）。

由表 1–2 可见，3 股 PA 绳索（A 型）捻系数为 $\alpha_{mss} \leqslant 3.5$、4 股 PA 绳索（B 型）捻系数 $\alpha_{mss} \leqslant 3.8$（特殊要求例外）。股捻距和绳捻距应互相配合，以保证捻绳受力时结构稳定；根据编者经验，3 股捻绳股捻距为绳股直径的 5~6 倍，4 股捻绳股捻距约为绳股直径的 4.5 倍。

捻度对捻绳性能有很大影响。对同种类型且结构相同的捻绳，随着捻度的增加，其硬度、紧密度和线密度都随之增加，对绳纱（丝）或纤维等的压力也随之增加，并使捻绳直径和周长减小、捻绳断裂强力和断裂长度降低，而捻绳断裂伸长率增加。

捻距对 3 股合成纤维捻绳性能的影响如表 1–3 所示，可以看出：① PP 捻绳断裂强力与 PET 捻绳一样，股捻距影响比绳捻距大；②随着股捻距增大，PET 捻绳断裂强

力和断裂长度明显增加；③ PE 捻绳股捻距或绳捻距对断裂强力均有影响；④股捻距或绳捻距对 PA 捻绳性能影响较小；⑤对表中多数捻绳而言，当股捻距相同而绳捻距增加时，断裂伸长率呈减少趋势。在实际生产中，为确保产品质量，捻距或捻度变化都有一定的范围。如表 1–3 中 PET 捻绳样品（4）的股捻距长度为 720 mm，这种捻绳结构非常松散且不稳定，尽管它有很高的断裂强力，但一般不适合在实际生产中使用。与 PET 捻绳相反，PP 捻绳要求捻距相对大一些，以获得满意的使用性能，否则 PP 捻绳会很硬。综上所述，在深远海养殖业等领域，要根据海况等实际情况选择合适捻度的绳索。

表 1–3　捻距对 3 股合成纤维捻绳性能的影响

种类	8 个捻距长度		断裂强力（kN）	断裂长度（km）	断裂伸长率（%）
	股（mm）	绳（mm）			
PE 捻绳					
（1）	535	600	43.27	16.2	48
	535	644	46.18	17.6	52
（2）	580	604	45.57	17.0	55
	580	636	47.82	18.5	52
（3）	640	610	48.51	18.5	50
	640	650	50.47	19.7	45
（4）	720	600	51.60	19.8	55
	720	660	52.68	20.9	48
PP 捻绳					
（1）	535	600	72.91	25.7	52
	535	668	75.26	27.6	45
（2）	580	600	73.79	26.4	53
	580	664	76.15	28.6	46
（3）	640	604	77.71	28.1	51
	640	676	79.63	29.6	45
（4）	720	604	79.67	29.0	50
	720	660	83.30	31.0	48
PA 捻绳					
（1）	535	626	111.72	31.3	63
	535	688	115.64	33.4	58
（2）	580	625	107.80	30.6	63
	580	685	113.19	32.6	65
（3）	640	670	111.72	31.1	65
	640	689	112.95	32.2	58
（4）	720	625	113.19	32.0	64
	720	780	116.87	33.6	55

续表

种类	8个捻距长度		断裂强力	断裂长度	断裂伸长率
	股（mm）	绳（mm）	（kN）	（km）	（%）
PET 捻绳					
（1）	535	597	77.67	17.4	43
	535	665	81.34	18.6	40
（2）	580	596	80.61	18.0	45
	580	684	86.83	20.8	42
（3）	640	589	89.18	20.1	47
	640	692	92.61	21.8	40
（4）	720	600	95.55	21.9	42
	720	640	100.94	23.4	41

注：表中捻绳直径为 24 mm；PA 捻绳和 PET 捻绳用基体纤维为复丝；PP 捻绳为单丝复捻，制绳用 PP 单丝直径为 0.31 mm；PE 捻绳为单丝复捻，制绳用 PE 单丝直径为 0.30 mm。

三、编织绳基本参数

网纲除采用上述捻制结构外，也可采用编织结构。根据 GB/T 40273—2021 标准，通过编织而非加捻方式制成的绳缆称为编织绳（也称编绞绳）。编织绳质量与编织密度、编织角、花节长度和粗度等基本参数密切相关。编织绳中单纱的有效面积与织物总面积之比称为编织密度（亦称编织覆盖率）。图 1–4 是编织绳的一个单元，由两股互相交错编织部分组成，一个绳股的宽度 b 包括 n 个并列单纱的直径（d_{ss}）与空隙 k 的和。当 $k=0.75d_{ss}$ 时，编织密度最大。要提高编织密度，需增加每股用单纱的根数（每股单纱根数愈多，编织密度愈大）。

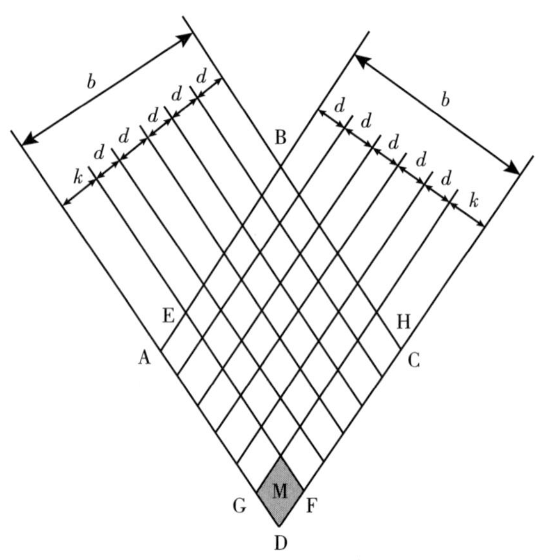

图 1–4　编织密度

编织密度是实际的绳股排列密度、实际编织密度。直线长度上的单纱的排列密度可用公式（1–6）或（1–7）表示

$$p=\frac{a_{gs}n_{mgds}d_{ss}}{L_h\cos\delta} \tag{1–6}$$

式中：p——直线长度上的单纱的排列密度；

δ——编织角（°）；

L_h——花节长度（mm）；

d_{ss}——单纱直径（mm）；

n_{mgds}——每股单纱根数；

a_{gs}——股数（编织总锭数的 1/2）；

$L_h\cos\delta$——包括空隙（$0.75d_{ss}$）在内的一组绳股的宽度。

$$p' = \frac{a_{gs}(n_{mgds} + 0.75)d_{ss}}{L_h \cos\delta} \tag{1-7}$$

式中：p'——直线长度上的单纱的排列密度；

n_{mgds}——每股单纱根数；

d_{ss}——单纱直径（mm）；

a_{gs}——股数（编织总锭数的 1/2）；

$L_h\cos\delta$——包括空隙（$0.75d_{ss}$）在内的一组绳股的宽度。

公式（1–6）和公式（1–7）两种计算方法的含义有区别。公式（1–6）中的 p 是指编织实际宽度在一组绳股展开宽度中所占的密度（是实际的绳股排列密度、实际编织密度），因有 $0.75d_{ss}$ 的空隙无法填充，p 不会达到 100%；而公式（1–7）中的 p' 则是以最大绳股排列密度为 100%，由此设计出的编织密度可以达到 100%，也即考虑了 k 等于 $0.75d_{ss}$ 的空隙的存在是不可免的，不再设计在编织密度之内。显然，上述公式（1–7）所示的设计方法比较合理，但公式（1–6）所示的设计方法比较简便。

编织绳并不是编织密度越大越好，有时选择编织密度还是略为松一点为宜（如相关资料显示，PA 编织绳的编织密度 p 参考范围为 90%~98%；PE 编织绳的编织密度 p 参考范围为 80%~95%）。编织绳按结构可分为管形编绳或圆形编绳。管形编绳结构与编线相同，其绳股由一根绳纱或数根绳纱组成，而绳纱则用单纱、线带等加工而成。为了确保各绳股的受力均匀，加捻的绳股在一个方向上为 S 捻，另一个方向上则为 Z 捻。为了使编绳有适当的粗度和近似圆形的横截面，一般在管子中间插入绳芯；绳芯可以是一定数量的绳股或单纱，也可以是绳索或其他材料。绳芯能起到承受编绳管子内部分载荷的作用。编绳的松紧度与编线相类似，不仅取决于股数和股的粗度，而且也决定于花节数和花节长度。花节长度亦称（编织）节距。管形编绳花节走向一般平行于绳索的轴线，花节长度一般为绳索公称直径的 2.8~3.7 倍，某些高强力特殊编绳花节长度达绳索直径的 7~10 倍。特殊用途的管形编绳的花节长度可根据生产需要进行调整。在渔业等行业，人们习惯将管形编绳简称为编织绳。与相同规格的捻绳相比，管形编绳加工成本相对较高。渔用管形编绳的常用直径规格范围为 4~30 mm。目前，管形编绳在渔业发达国家应用较多，而在我国，主要在大中型拖网渔业、大中型养殖网箱和大中型养殖围栏等领域推广使用。

8 股编绞绳亦称 8 股编织绳或 8 股绳。8 股编绞绳适于制作拖缆、锚缆和养殖网箱锚绳等，因此主要制成大中规格绳索。8 股 PE 编绞绳、8 股马尼拉（Manila）麻绳索和 8 股西沙尔（Sisal）麻绳索的名义直径一般为 20~96 mm，而 8 股 PET 编绞绳、8 股 PA 编绞绳、8 股 PP 编绞绳、8 股 UHMWPE 编绞绳等的名义直径一般为 20~160 mm。因为用直径来表示 8 股编绞绳的粗度非常不精确，所以，在国际上一般用“名义直径”或“公称直径”来反映 8 股编绞绳粗度的大致状况。在我国，针对 8 股编绞绳领域，普及“名义直径”或“公称直径”等概念还有一个漫长的过程。8 股编绞绳主要制成直径 20 mm 以上的大规格绳索。与其他编绳类似，在外力作用下 8 股编绞绳不会扭转，而且该类粗绳索手感柔软、结构稳定。8 股编绞绳纤维间内摩擦较低，即使有 1~2 股断裂，它也不至于松散。

编织绳的绳股既可以加捻，又可以不加捻，通过编织机把绳股相互交叉、穿插编织而成。编织绳的每根绳股由数根单纱组成，不管绳股加捻与否，通常还是将它认定为编织绳绳股（图 1–5）。编织绳的绳股旋转展开与编织绳横断面的夹角 δ 称为编织角（见图 1–6）。编织绳的紧密度用花节长度来衡量，这与捻绳的捻距相当。编织绳或编绞绳的两个重复编织单元对应点之间沿绳缆轴向距离称之为节距、编绞距或花节长度。对编织绳而言，编织绳上的绳股形成一个完整编结圈的螺距长度即为花节长度。花节长度亦称节距或编织节距，一般以毫米为单位。

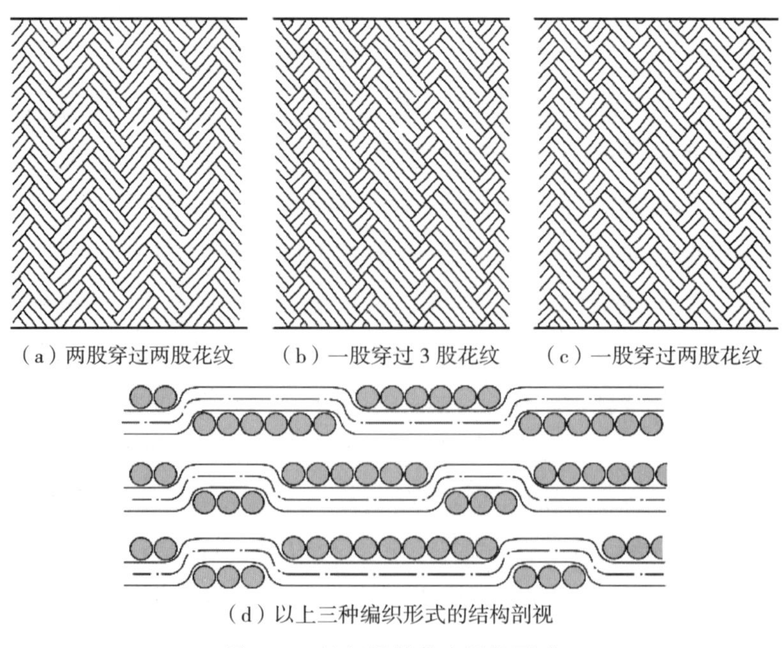

图 1–5　编织绳的基本编织形式

螺距长度在 8 股编织绳中通过 4 个花节，而在 16 股编织绳中通过 8 个花节。编织绳在 1 m 内的花节长度数称为花节数（一般以个为单位）。为了确保管形编织绳中各股受力均匀，加捻绳股在一个方向上为 S 捻，另一个方向上则为 Z 捻。

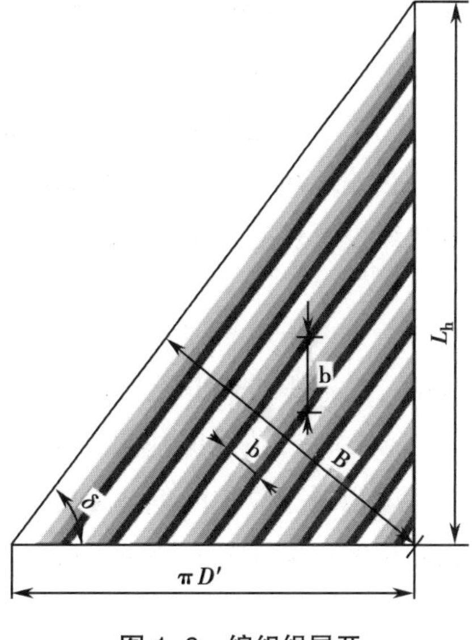

图 1–6　编织绳展开

编织角与花节长度的关系用公式（1–8）表示

$$L_h = \pi D' \mathrm{tg}\delta \qquad (1\text{–}8)$$

式中：L_h——花节长度（mm）；

D'——编织绳基圆直径（mm）；

δ——编织角（°）。

由于编织绳是两股平行交错的，编织绳基圆直径可用公式（1–9）表示

$$D' = D_0 + 2d_{ss} \qquad (1\text{–}9)$$

式中：D'——编织绳基圆直径（mm）；

D_0——编织绳外圆直径（mm）；

d_{ss}——单纱直径（mm）。

管形编织绳中绳股数量越多，绳索一般编织得越紧密，而管子中间的空隙也就越大（空隙大小随绳股的数量增加和股的粗度增大而增大）。编织绳的松紧度与编线类似，不仅取决于股数和股的粗度，而且也决定于花节数和花节长度。管形编织绳花节走向一般平行于绳的轴线，花节长度为绳索直径的 2.8~3.7 倍（诚然，特殊编织绳的花节长度可达绳索直径的 7 倍左右）。花节长度对编织绳性能的影响也和捻绳类似，编织绳花节长度减小，断裂强力会下降，而断裂伸长率会有所增加。

编织绳的节距与直径的比值称为编织比。相比编织角、编织密度，在实际生产中，人们更关注直径和节距，二者之间的关系可用编织比反映［参见公式（1–10）］。编织比范围一般为 5~20。当编织比 K 取 5~8 时，编织绳产品紧密、硬挺；当编织比 K 取 9~10 时，编织绳产品松紧适宜；当编织比 K 取 11~20 时，编织绳产品松软。因为 PE 单丝比较硬挺，所以，PE 单丝编织绳的编织比一般取大一些；因 PA 复丝比较柔软，PA 编织绳的编织比一般取小些，以确保产品外观和手感质量良好。

$$K = \frac{L_h}{D'} \qquad (1\text{–}10)$$

式中：K——编织比；

L_h——花节长度（mm）；

D'——编织绳基圆直径（mm）。

在编织绳中，每股单纱以编织角 α 成螺旋形围绕在基圆上时，一个花节长度 L_h 的单纱投影长度 l' 可用公式（1–11）表示

$$l' = \sqrt{L_h^2 + (\pi D')^2} \tag{1–11}$$

式中：L_h——花节长度（mm）；

D'——编织绳基圆直径（mm）。

编织绳一股中的单纱穿压另一股中的单纱时，空隙 k 处的单丝实际长度要大于投影长度。单纱在一个花节长度内的实际长度可用公式（1–12）表示

$$l = c_{ds} \times l' = c\sqrt{L_h^2 + (\pi D')^2} \tag{1–12}$$

式中：l——单纱在一个花节长度内的实际长度（mm）；

c_{ds}——单纱增长系数；

l'——一个花节长度的单纱投影长度（mm）；

L_h——花节长度（mm）；

D'——编织绳基圆直径（mm）。

通常每股单丝数 n 为 1~10 根，直线长度上的密度为 40%~90%，代入公式（1–12）中可设计出单纱增长系数值（表 1–4）。

表 1–4 单纱增长系数常用表

每股单丝根数	单丝增长系数					
	p=0.4	p=0.5	p=0.6	p=0.7	p=0.8	p=0.9
1	1.061	1.104	1.161	1.231	1.312	1.403
2	1.016	1.030	1.050	1.080	1.124	1.180
3	1.007	1.014	1.024	1.040	1.067	1.108
4	1.004	1.008	1.014	1.024	1.041	1.073
5	1.003	1.005	1.009	1.016	1.028	1.053
6	1.002	1.003	1.006	1.011	1.020	1.040
7	1.001	1.003	1.005	1.008	1.015	1.031
8	1.001	1.002	1.003	1.006	1.012	1.025
9	1.001	1.002	1.003	1.005	1.009	1.021
10	1.001	1.001	1.002	1.004	1.008	1.017

编织绳的线密度可用公式（1–13）进行设计。通过编织绳的线密度，人们可以进一步设计出编织绳重量。

$$\rho_{\mathrm{bzs}}=2a\times n\times\xi\times c_{\mathrm{ds}}\frac{1}{\sin\delta} \tag{1–13}$$

式中：ρ_{bzs}——线密度（tex）；

a——总锭子数的 1/2 或股数的 1/2；

n——每锭单纱根数或每股单纱根数；

c_{ds}——单纱增长系数；

δ——编织角（°）；

ξ——单纱单位长度具有的重量（g/m）。

单纱单位长度具有的重量可用公式（1–14）进行设计。

$$\xi=100\times\frac{\pi d_{\mathrm{ds}}^{2}}{4}\gamma \tag{1–14}$$

式中：ξ——单纱单位长度具有的重量（g/m）；

d_{ds}——单纱直径（cm）；

γ——单纱密度（g/cm^3）。

第三节 网纲分类与标记

网纲的生产设备有捻绳机、编绳机等。为适应不同领域的需要，网纲的股数、结构、捻向、制绳用纤维（亦称基体纤维）的组成等均可以千变万化，这使得它们的种类繁多、分类复杂。深远海养殖领域主要使用合成纤维绳索、混合绳索、钢丝绳和锚链等，而深远海养殖用网纲主要使用合成纤维绳索及混合绳索等。本节主要介绍网纲分类与标记。

一、网纲分类

网纲作为一种装配在网具上的绳索，在实际生产、贸易和技术交流中，其分类与绳索相同。网纲等绳索可以按制绳用基体纤维材料、绳索性能、绳索用途、制绳用纤维材料的组成、绳索结构等方法分类。

1. 按加工网纲等绳索用基体纤维材料分类

按加工网纲等绳索用基体纤维材料分类，可分为天然纤维绳（索）、合成纤维绳（索）和纤维夹钢丝绳（索）等。19 世纪末之前，人类主要开发和使用的绳索为天然纤维绳索，在当时的历史条件下，天然纤维绳索对社会的发展和进步起到了积极推动作用（图 1–7）。诚然，天然纤维绳索存在一些缺点，这为渔业等产业生产带来了诸多不利。当今渔业等产业生产中广泛应用的绳索为合成纤维绳索，如 PE 绳索、PP 绳索、PA 绳索、PET 绳索、PP–PE 绳索、UHMWPE 绳索；而 CF 绳索、玄武岩纤维（代号 BF）绳索、聚对苯二甲酰对苯二胺（代号 PPTA）绳索等和玻璃纤维绳索目前在渔业上应用较少。近年来，东海水产研究所（以下简称“东海所”）联合相关单位开发了 MHMWPE 绳索、UHMWPE–F 绳索等。目前，深远海养殖用网纲主要包括 PE 绳索、PP 绳索、PA 绳索、PET 绳索、UHMWPE–F 绳索和 UHMWPE 绳索等（图 1–8 至图 1–17）。

（a）棉绳

（b）草绳

（c）白棕绳

图 1–7 几种天然纤维绳索

图 1–8 PE 绳索

图 1–9 PP 绳索

图 1-10　PA 绳索

图 1-11　PET 绳索

图 1-12　UHMWPE-F 绳索

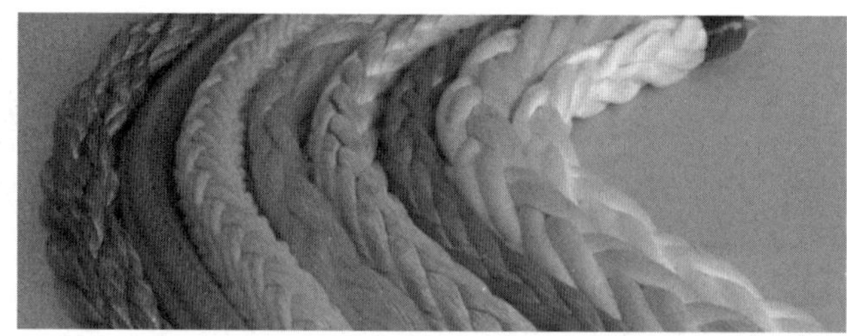

图 1–13 UHMWPE 绳索

图 1–14 CF 绳索

图 1–15 BF 绳索

图 1-16　PPTA 绳索

图 1-17　玻璃纤维绳索

2. 按网纲等绳索的性能分类

按网纲等绳索的性能分类，可分为普通绳索（亦称普通绳）、高性能绳索（亦称高性能绳）和特种用途绳索（亦称特种绳）等。采用普通纤维加工而成的绳索称为普通绳索，普通绳索应用范围很广。特种用途绳索为特殊用途专用，如军用绳索、消防用绳索、登山用绳索、救生用绳索、发光绳索、拖车绳索和建筑绳索等。采用高性能纤维（拉伸强度大于 17.6 cN/dtex）加工而成的绳索称为高性能绳索，如人们在渔业上采用高性能纤维［迪尼玛（Dyneema®）SK78 纤维、对位芳香族聚酰胺纤维（Kevlar 纤维）和 UHMWPE-F 纤维］加工成高性能绳索，如 Dyneema® SK78 绳索、Kevlar 绳索和 UHMWPE-F 绳索等。与相同强力的普通绳索相比，上述高性能绳索应用于渔具中，不仅可以减小渔具在水中承受的阻力，而且可以降低渔具用原材料消耗，因此，Dyneema® SK78 绳索等高性能绳索很有应用前景，可在我国现代渔业中应用并推广。目前，深远海养殖设施用网纲主要包括 UHMWPE 网纲、danline 网纲、PE 网纲等。UHMWPE 等高性能材料的创新应用可提高网纲的综合性能、降低网纲的直径及其表面的污损生物附着面积。在水产养殖设施中采用高性能绳网可有效减少设施附着基面积及水阻力，实现降低附着基面积防污，这为水产养殖又提供了一种新的防污方法。

3. 按网纲等绳索的用途分类

按网纲等绳索的用途分类，可细分为渔用绳索、船用绳索、农用绳索、军用绳索、海工用绳索、建筑用绳索、运输用绳索、清洗用绳索、消防用绳索、登山用绳索、救生用绳索、打捞用绳索、休闲用绳索和蔬菜种植用绳索等。合成纤维绳索按应用水域又可分为海水用绳索和淡水用绳索。渔用绳索又可进一步细分为刺网绳索、拖网绳索、张网绳索、钓鱼绳索、敷网绳索、笼壶类绳索、围网绳索、贝类养殖绳索、藻类养殖绳索、网箱绳索、养殖围栏绳索、深远海养殖绳索、海洋牧场绳索等。深远海养殖绳索分为深远海养殖用网纲、深远海养殖锚绳、深远海养殖绑扎绳等。深远海养殖用网纲又可分为深远海网箱用网纲、深远海养殖围栏用网纲、深远海养殖工船用网纲和深远海筏式养殖用网纲等。由于绳索的用途很广，所以按用途分类的绳索品种繁多，这里不再一一详述。

4. 按加工网纲等绳索用纤维材料的组成分类

按加工网纲等绳索用纤维材料的组成分类，可分为纯纺绳索和混合绳索。由一种纤维或组分不变的高聚物制成的绳索称为纯纺绳索，如 PP 绳索、PA 绳索、PE 绳索和 PET 绳索等。在渔业上一般使用纯纺绳索。由不同材料按一定的数量比例混合制成的绳索称为混合绳索，如包芯绳、夹芯绳和多种纤维混合绳等。包芯绳或夹芯绳一般是用植物纤维或合成纤维与钢丝混合制成。其中，以钢丝绳为绳芯，外围包有植物纤维或合成纤维绳股的复捻绳称为包芯绳（COMP）；以钢丝绳为股芯，外层包以植物纤维或合成纤维绳纱捻制而成绳股的 3 股、4 股或 6 股复捻绳称为夹芯绳（COMB）。“Atlas 绳”是由 PA 粗单丝与 PA 长丝加工而成的混合绳索，它具有较好的强力与耐疲劳性能，可应用于拖网纲索、船用缆绳等。多种纤维混合绳在渔业上有一定的应用，如藻类养殖网帘用 PVAL–PE 混合绳索、锚绳用 PET–PP 混合绳索，等等。

5. 按网纲等绳索的结构分类

按网纲等绳索的结构分类，可分为编绳和捻绳。由若干根绳股采用编织或编绞方式制成的有绳芯或无绳芯的绳索称为编绳。编绳的绳股可以加捻也可以不加捻，它们通过编织机的锭子将绳股相互交叉、穿插在一起编织而成。编绳可按绳股数量、结构等进行分类。编绳按绳股数量 / 股数又可分为 4 股编绳、6 股编绳、8 股编绳、12 股编绳、16 股编绳、24 股编绳和 32 股编绳等。编绳按结构可分为管形编绳和 8 股编绞绳等。由若干股（4 股、6 股、8 股、12 股、16 股或更多股）有规律编织成管状结构的绳索称为管形编绳或圆（形）编绳（见图 1–18）。管形编绳结构与编线相同。管形编绳中的绳股是由一根或数根绳纱组成，而绳纱则用松捻的单纱、捻线、未加捻的长丝束、未加捻的单丝、未加捻裂膜纤维以及未加捻条带等组成。为了确保各绳股的受力均匀，加捻的绳股在一个方向上为 S 捻，另一个方向上则为 Z 捻。管形编绳中的绳股数量越多，绳索编织得越紧密，而管子中间的空隙也就越大。管形编绳管子中间的空隙大小随着绳股的数量增加和股的粗度增大而增大。为了使绳索有适当的粗度和近似圆形的横截面，一般在管子中插入绳芯；绳芯可以是一定数量的绳索股或单纱，也可以是一束未加捻的单丝或长丝等。绳芯能起到承受编绳管子内部分载荷的作用。编绳的松紧度与编线相类似，不仅取决于股数和股的粗度，而且也决定于花节数和花节长度。管形编绳花节走向一般平行于绳索的轴线，花节长度一般为绳索公称直径的 2.8~3.7 倍，某些高强力特殊编绳花节长度达绳索直径的 7 倍。特殊用途的管形编绳的花节长度可根据生产需要进行调整。在渔业上，人们习惯简称管形编绳为编织绳。与相同规格的捻绳相比，管形编绳加工成本相对较高。渔用管形编绳的常用规格范围为 4~30 mm。目前，管形编绳在渔业发达国家应用较多，而在我国，管形编绳主要在大中型拖网渔业或大中型养殖设施等领域推广应用。在大型深远海养殖设施领域，网纲有时采用管形编绳。由 4 根 Z 捻和 4 根 S 捻的绳股，成对交叉编制成的绳索称为 8 股编绞绳（见图 1-19 左图）。8 股编绞绳主要适用于船只系泊或网纲等，因此，它主要制成大规格绳索。8 股 PE 编绞绳、8 股 Manila 麻编绞绳和 8 股 Sisal 麻编绞绳等的名义直径一般为 20~96 mm，而 8 股 PET 编绞绳、8 股 PA 编绞绳、8 股 PP 编绞绳等的名义直径为 20~160 mm。8 股编绞绳与其他编绳类似，在外力作用下不会扭转，而且该类粗绳索手感柔软、结构稳定。8 股编绞绳纤维间内摩擦较小，即使有 1~2 股断裂，也不容易松散。8 股编绞绳适于制作拖车绳索、船用缆绳和深远海养殖用网纲等。如国内首座深远海智能化坐底式网箱“长鲸一号”的网纲，曾采用从日本进口的 8 股编绞绳。

图 1–18　管形编绳

图 1–19　8 股编绞绳及 12 股编绞绳

由绳纱通过加捻而制成的绳索称为捻绳。捻绳分类方法很多，可按捻向、捻合方式和绳股数量等进行分类。捻绳按捻向可分为 S（右）捻绳、Z（左）捻绳。捻绳按照捻合的方式又可分为单捻绳、复捻绳和复合捻绳。由若干根绳纱经一次加捻制成的绳索称为单捻绳。单捻绳是由绳纱作为单股，再将 2 个或 3 个单股，以股的相反捻向捻制成绳索。由若干根（2 根或更多根）绳纱加捻制成绳股，再将若干根绳股（大多为 3 股或 4 股）以与绳股相反捻向加捻制成的绳索称为复捻绳。用 3 根或更多根复捻绳为绳股，采用与复捻绳相反的捻向加捻制成的绳索称为复合捻绳。复合捻绳亦称缆绳。捻绳按捻合绳股数量又可分为 2 股捻绳、3 股捻绳、4 股捻绳、6 股捻绳和 8 股捻绳等。在渔业上应用较多的是 3 股捻绳（图 1–20）和 4 股捻绳。在捻合过程中，由于绳索在模孔内被强力挤压，3 股捻绳的中心空隙很小，因而其结构的均匀性和柔软性一般。为提高物理机械性能，人们在生产中也常采用 4 股捻绳、6 股捻绳等。4 股捻绳或 6 股捻绳又可分有芯和无芯两种。4 股捻绳在绳索中心

图 1–20　3 股捻绳

会形成中空，容易积蓄水分，并在弯曲或拉紧时引起绳股变形，因此，一般在 4 股捻绳或 6 股捻绳等多股捻绳的中心充填绳芯。在渔业生产中，3 股捻绳和 4 股捻绳一般简称为 3 股绳索和 4 股绳索。

二、网纲标识

为适应不同领域的生产活动或日常生活等需要，网纲种类很多、分类复杂。网纲作为一种装配在网具上的绳索，在实际生产、贸易、技术交流中，其标识与绳索相同。在深远海养殖领域，除网纲外，还使用锚绳、绑扎绳等其他绳索。网纲等绳索的标识方法很多，往往容易引起混乱。为了统一标识方法，以满足生产、贸易、技术交流、渔具图和网箱图中材料的标注等技术要求，我国对网纲等绳索的标识方法制定了国家标准《主要渔具材料命名与标记　绳索》（GB/T 3939.3—2004）、《钢丝绳术语、标记和分类》（GB/T 8706—2006）。GB/T 3939.3—2004 国家标准规定了纤维绳索及混合绳索的命名原则和标记组成，适用于未经浸渍或涂层处理的植物纤维绳索、合成纤维绳索及混合绳索的命名和标记；经浸渍或涂层处理过的绳索，标记时须注明。GB/T 3939.3—2004 国家标准规定绳索标识采用两种方法：一种是普遍使用的较为完整的标识；另一种为特定情况下使用的简便标识。GB/T 8706—2006 国家标准规定了钢丝绳的标记方法。2022 年，水科院东海所石建高研究员等向国家标准化管理委员会提出对 GB/T 3939.3—2004 进行修订，目前起草组已形成修订用标准征求意见稿。结合上述修订用国家标准征求意见稿，下面对网纲等绳索（为便于叙述，以下均简称绳索）标识内容简述如下。

1. 完整标记

（1）纤维绳索

纤维绳索（完整）标记，应按次序包括下列项目：

a）纤维绳索；

b）本文件编号；

c）纤维绳索结构类型代号（如表 1–5）；

d）纤维绳索公称直径，以毫米表示；

e）纤维绳索材料代号（如表 1–6）；

f）纤维绳索等级（普通或高强度）；

g）捻绳最终捻向，以 S 或 Z 表示；

h）绳索后处理情况。

——a）、b）之间留一字空位；

——b）、c）之间接“—”号；

——c)、d)之间接“—”号；

——d)、e)之间接“—”号；

——e)、f)之间不留间隔；

——f)、g)之间留一字间隔；

——g)、h)之间留一字间隔；

——若纤维绳索由同种纤维材料制备，则e)项以纤维绳索材料代号表示；若纤维绳索由不同种纤维材料制备，则e)项中的不同纤维材料代号之间用“/”进行连接；

——若纤维绳索等级为普通纤维绳索，则省略f)项；若纤维绳索等级为高强度纤维绳索，则f)项以(hs)表示；

——对于最终捻向为Z捻的捻绳可省略g)，编绳或编织绳则无g)；

——若纤维绳索未经浸渍或涂层等后处理，则省略h)项。

表 1-5 常用纤维绳索结构类型代号

结构类型	3 股捻绳	4 股捻绳	双编绳	8 股编绳	12 股编绳	其他结构
结构类型代号	A	B	C	L	T	O

注：对于其他结构的纤维绳索，若结构类型代号在正式发布标准中有明确规定，则按相关标准的规定执行。

表 1-6 常用纤维绳索材料代号

材料名称	聚酰胺纤维	聚乙烯纤维	聚丙烯纤维	聚丙烯－聚乙烯混合聚烯烃纤维	聚酯纤维	超高分子量聚乙烯纤维	超高分子量聚乙烯裂膜纤维	Manila 麻	Sisal 麻
材料代号	PA	PE	PP	PP–PE	PET	UHMWPE	UHMWPE–F	MA	SI

注：表中未列出的绳索材料代号按相关标准的规定执行。

示例 1-1

按《纤维绳索　聚丙烯裂膜、单丝、复丝(PP2)和高强度复丝(PP3)3、4、8、12 股绳索》(GB/T 8050—2017)生产、公称直径为 28 mm 的 12 股聚丙烯单丝编绳完整标记为：

纤维绳索　GB/T 8050—T—28—PP

示例 1-2

按《超高分子量聚乙烯纤维 8 股、12 股编绳和复编绳索》(GB/T 30668—2014)生产、公称直径为 16 mm 的超高分子量聚乙烯纤维 8 股编绳完整标记为：

纤维绳索　GB/T 30668—L—16—UHMWPE

示例 1-3

> 按《渔用绳索通用技术条件》(GB/T 18674—2018) 生产、公称直径为 60 mm、捻向为 Z 捻的 3 股聚乙烯捻绳完整标记为：
>
> 纤维绳索　GB/T 18674—A—60—PE

示例 1-4

> 按《剑麻白棕绳》(GB/T 15029—2009) 生产、公称直径为 36 mm、捻向为 Z 捻的有芯 4 股白棕绳完整标记为：
>
> 纤维绳索　GB/T 15029—B—36—MA

(2) 混合绳

混合绳（完整）标记，应按次序包括下列项目：

a) 混合绳；

b) 本文件编号；

c) 混合绳结构类型代号（如表 1-7）；

表 1-7　常用混合绳结构类型代号

结构类型	3 股捻绳	4 股捻绳	其他结构
结构类型代号	A	B	O

注：对于其他结构的混合绳，若结构类型代号在正式发布标准中有明确规定，则按相关标准的规定执行。

d) 混合绳公称直径，以毫米表示；

e) 混合绳材料代号（如表 1-6）；

f) 混合绳代号（如表 1-8）；

表 1-8　不同类型混合绳代号

混合绳类型	包芯绳	夹芯绳	其他混合绳
混合绳代号	COMP	COMB	HYBR

注：对于其他混合绳，若绳索代号在正式发布标准中有明确规定，则按相关标准的规定执行。

g) 混合绳最终捻向，以 S 或 Z 表示；

h) 绳索后处理情况。

——a)、b) 之间留一字空位；

——b)、c) 之间接“—”号；

——c)、d) 之间接“—”号；

——d)、e) 之间接“—”号；

——e)、f) 之间不留间隔；

——f)、g)之间留一字间隔；

——g)、h)之间留一字间隔；

—— 若混合绳中的纤维材料种类只有一种纤维，则 e）项以该种纤维材料代号表示；若混合绳中的纤维材料种类包括不同种纤维，则 e）项中的不同纤维材料代号之间用“/”进行连接；

—— 在混合绳完整标记中，一般省略 f）项；在合同需要或技术交流等特殊情况下，混合绳完整标记中可标记 f）项，其中，若混合绳为包芯绳，则 f）项以 COMP 代号表示；若混合绳为夹芯绳，则 f）项以 COMB 代号表示；若混合绳为包芯绳、夹芯绳之外其他类型，则 f）项以 HYBR 代号表示（见表 1–8）；

—— 对于最终捻向为 Z 捻的混合绳可省略 f）项；

—— 若纤维绳索未经浸渍或涂层等后处理，则省略 h）项。

示例 1–5

> 按《聚丙烯裂膜夹钢丝绳》（SC/T 5017—2016）生产、公称直径为 18 mm、捻向为 Z 捻的 3 股聚丙烯裂膜夹芯绳完整标记为：
> 混合绳　SC/T 5017—A—18—PP；
> 或混合绳　SC/T 5017—A—18—PP（COMB）

2. 简便标记

（1）纤维绳索

纤维绳索简便标记，应按次序包括下列项目：

a）纤维绳索结构类型代号（如表 1–5）；

b）纤维绳索公称直径，以毫米表示；

c）纤维绳索材料代号（如表 1–6）；

d）纤维绳索等级（普通或高强度）。

——a)、b)之间接“—”号；

——b)、c)之间接“—”号；

——c)、d)之间不留间隔；

—— 若纤维绳索由同种纤维材料制备，则 c）项以纤维绳索材料代号表示；若纤维绳索由不同种纤维材料制备，则 c）项中的不同纤维材料代号之间用“/”进行连接；

—— 若纤维绳索等级为普通纤维绳索，则省略 d）项；若纤维绳索等级为高强度纤维绳索，则 d）项以（hs）表示。

示例 1-6

> 按《纤维绳索　聚丙烯裂膜、单丝、复丝（PP2）和高强度复丝（PP3）3、4、8、12 股绳索》（GB/T 8050—2017）生产、公称直径为 28 mm 的 12 股聚丙烯单丝编绳完整标记为：
> T—28—PP

示例 1-7

> 按《超高分子量聚乙烯纤维 8 股、12 股编绳和复编绳索》（GB/T 30668—2014）生产、公称直径为 16 mm 的超高分子量聚乙烯纤维 8 股编绳简便标记为：
> L—16—UHMWPE

示例 1-8

> 按《渔用绳索通用技术条件》（GB/T 18674—2018）生产、公称直径为 60 mm、捻向为 Z 捻的 3 股聚乙烯捻绳简便标记为：
> A—60—PE

示例 1-9

> 按《剑麻白棕绳》（GB/T 15029—2009）生产、公称直径为 36 mm、捻向为 Z 捻的有芯 4 股白棕绳简便标记为：
> B—36—MA

（2）混合绳

混合绳简便标记，应按次序包括下列项目：

a）混合绳结构类型代号（如表 1–7）；

b）混合绳公称直径，以毫米表示；

c）混合绳材料代号（如表 1–6）；

d）混合绳代号（如表 1–8）。

——a）、b）之间接“—”号；

——b）、c）之间接“—”号；

——c）、d）之间不留间隔。

—— 若混合绳中的纤维材料种类只有一种纤维，则 c）项以该种纤维材料代号表示；若混合绳中的纤维材料种类包括不同种纤维，则 c）项中的不同纤维材料代号之间用“/”进行连接；

—— 在混合绳简便标记中，一般标记 d）项，其中，若混合绳为包芯绳，则 d）项以 COMP 代号表示；若混合绳为夹芯绳，则 d）项以 COMB 代号表示；若混合绳为包芯绳、夹芯绳之外其他类型，则 d）项以 HYBR 代号表示（见表 1–8）；在合同需要或技术交流等特殊情况下，混合绳简便标记中可省略 d）项。

示例 1-10

按《聚丙烯裂膜夹钢丝绳》（SC/T 5017—2016）生产、公称直径为 18 mm、捻向为 Z 捻的 3 股聚丙烯裂膜夹芯绳简便标记为：

A—18—PP（COMB）；

或 A—18—PP

在深远海养殖领域，可以参考上述完整标记与简便标记对深远海养殖用网纲进行标记。

第二章　深远海养殖用网纲材料

中国为绳网大国，年产量位居世界第一。根据2021年中国渔业统计年鉴，2020年我国渔用绳网制造产值高达133亿元。网纲新材料技术是按照人的意志，通过物理研究、材料设计、材料加工、试验评价等一系列研究过程，创造出能满足各种需要的新型网纲材料的技术。深远海养殖用网纲新材料技术直接关系到深远海养殖领域的先进性、安全性与创新发展。系统研究深远海养殖用网纲材料，可助力网纲材料技术升级。本章主要概述网纲材料、工艺设计及生产工艺、质量安全及技术标准体系表等内容，为深远海养殖业的高质量发展提供参考。

第一节　深远海养殖用网纲材料概述

材料是人类一切生产和生活水平提高的物质基础，是人类进步的里程碑。新材料是高新技术的基础和先导，本身也能形成很大的高技术产业。现代渔业的高质量发展离不开网纲材料，而位于恶劣海况下的深远海养殖用网纲更需要使用新材料、高性能材料或智能化材料。基于文献资料、著者及其合作单位的绳索理论研究成果与实践经验总结等，本节主要概述高性能网纲材料、普通网纲材料以及其他绳索材料，以生产、选择、研发或应用合适的深远海养殖用网纲材料。

一、高性能网纲材料概述

1. 超高分子量聚乙烯纤维绳索材料

超高分子量聚乙烯纤维绳索材料是目前我国深远海养殖业用量最大、应用范围最广的高性能网纲材料。根据国际通行标准，超高分子量聚乙烯通常可以缩写为UHMWPE。UHMWPE纤维具有高强度、高模量、低伸长率、低密度、耐腐蚀、耐紫外光、抗冲击、传热快、比热容大、介电损耗低、透波率高等特点，强度达25 cN/dtex以上，在国内被称为“21世纪纤维”，并且在实际使用中不需要任何保护措施，因此，UHMWPE纤维是优异的新材料之一。近年来，全球UHMWPE纤维的需求量持续增长，行业竞争日趋激烈。据相关统计数据显示，2020年，全球UHMWPE纤维的总产能约为6.56万t；其中，荷兰DSM公司的产能（包括纤维和无纬布）约为 17 400 t，美国霍尼韦尔公司的产能约为 3 000 t，日本东洋纺公司的产能约为 3 200 t。UHMWPE 纤维是 20 世纪 70 年代由英国利兹大学的 Capaccio 和 Ward 首先研制成功。1979 年，荷兰的 DSM 公司高级顾问 Pennings、Smith 等正式发表了用凝胶纺丝法制成 UHMWPE 纤维的研究，取得了世界首个凝胶纺丝工艺专利。从 1990 年开始，DSM 公司在荷兰生产商品名为“迪尼玛”（Dyneema）的高性能聚乙烯纤维。1985 年，美国 Allied Signal（现为霍尼韦尔）公司购买了 DSM 公司的专利权并加以技术改进，将 DSM 公司配方中的十氢萘溶剂改为矿物油溶剂，开发出商品名为“Spectra”的 HMPE 纤维，其强度和模量均超过了杜邦公司的对位芳纶产品“Kevlar”。此后，日本东洋纺公司与 DSM 公司合作生产 Dyneema 纤维。自 20 世纪 80 年代开始，日本三井（Mitsui）石化公司以石蜡为溶剂，采用凝胶挤压超倍拉伸技术研制和生产商品名为“Tekmilon”的 UHMWPE 纤维，其纺丝浓度高达 20%~40%，但残余石蜡不易清除，纤维蠕变相对较大，近年来有所改进。

UHMWPE 纤维是国际三大特种纤维之一，其强度是钢的 15 倍，具有耐切割、抗冲击、防腐蚀等特性，市场前景广阔，广泛应用于军事、民用等行业。目前，国外 UHMWPE 纤维主要生产商为荷兰 DSM、美国霍尼韦尔和日本东洋纺 3 家公司。欧美国家和日本对此类纤维的用途结构有一定差异。欧美国家主要将其用于防弹衣和武器装备，占总量的 60%~70%，其次为绳缆占 20%，渔网等占 5%，劳动防护用品占 5%；日本主要将其用于绳缆、渔网和防护类用品，特别是防切割手套，在汽车生产涂漆工序中的使用已达到此类纤维总需求量的 1/4。我国 UHMWPE 纤维主要生产商有浙江千禧龙特种纤维有限公司、江苏九九久科技股份有限公司（简称“九九久公司”）、中国石化仪征化纤股份有限公司、北京同益中新材料科技股份有限公司、湖南中泰特种装备有限责任公司、浙江宁波大成新材料股份有限公司等，除中国石化仪征化纤股份有限公司外，其他主要生产商的 UHMWPE 纤维生产线均采用以液体石蜡为溶剂的湿法工艺技术（见图 2–1）。以九九久公司生产的九九久纤维为例，简要说明如下。九九久公司是国家火炬计划重点高新技术企业，建有省级工程技术研究中心、省级企业技术中心、省级企业院士工作站等研发平台；公司的 UHMWPE 纤维产能居全球第一位，是 UHMWPE 纤维全球专业化生产工厂；UHMWPE 纤维产品于 2012 年投产，2019 年年底总产能达 12 000 t；目前，九九久公司的相关技术工艺路线也是比较成熟的湿法纺丝工艺，而且从配料、纺丝到脱溶剂、热拉伸处理以及溶剂回收处理等各个阶段，都有自主专利技术。九九久公司的 UHMWPE 纤维规格包括 20 D、50 D、100 D、200 D、300 D、350 D、400 D、800 D、1 200 D 和 1 600 D 等；按用途划分为防切割专用丝、防弹用丝、家纺用丝、有色丝、渔网线丝、绳网粗旦丝等。九九久公司的 UHMWPE 纤维综合性能优越，其中 400 D UHMWPE 纤维强度≥32 cN/dtex，模量大于 1 100 cN/dex，断裂伸长率≤ 3.5%，含油率≤ 0.1%；某些型号的 UHMWPE 纤维强度高达 42 cN/dtex 以上，细旦丝强度更高。九九久公司与著名院所企业团队（如水科院东海所石建高研究员课题组）合作，为客户提供纤维绳网技术及其产业化生产应用服务，引领了我国渔用 UHMWPE 纤维技术的升级。

图 2–1 UHMWPE 纤维及其生产加工

UHMWPE 纤维的制备方式采用凝胶纺丝法（亦称冻胶纺丝法），主要有两种工艺技术路线，一种是以荷兰 DSM 公司和日本东洋纺公司为代表采用的干法纺丝［高挥发性溶剂（多为十氢萘）与 UHMWPE 粉体充分混合溶解，纺丝原液自喷丝孔挤出后使十氢萘气化逸出，得到干态凝胶原丝，对纤维进行热牵伸成形］；另一种是以美国霍尼韦尔公司等为代表采用的湿法纺丝法［采用低挥发性溶剂（矿物油、白油等）制备 UHMWPE 纺丝原液，纺丝原液自喷丝孔挤出后进入水浴设施或混合浴设施（盛有水与乙二醇等的调配液）中，凝固得到含低挥发性溶剂的湿态凝胶原丝，一般该丝条要放置 24 h 以上，然后冻胶丝条经过萃取、烘干、拉伸形成高强纤维］。干法纺丝工艺为一步纺，溶剂直接回收，无须经过连续多级萃取剂萃取、热空气干燥、溶剂与大量萃取剂的分离回收等流程，生产速度较高。干法纺丝工艺的主要问题在于溶剂十氢萘的价格相对较高。湿法纺丝工艺为两步纺，纺丝速度低，工艺流程复杂，萃取剂损耗量较大，对环境的污染严重。国内外部分 UHMWPE 纤维企业如表 2–1 所示。随着国内 UHMWPE 纤维生产企业不断增多和产能持续增大，竞争态势也在不断升级。虽然 UHMWPE 纤维在全球范围内仍属于稀缺物资，但国内产能的持续增长也给市场带来较大压力。目前，国内 UHMWPE 纤维主要应用于安全防护用品、布料和绳网等生产领域，其应用技术已经相对成熟，但在其他复合材料领域中与国际相比还有较大差距。断裂强度、断裂伸长率和初始模量是衡量 UHMWPE 纤维性能的三大重要指标。在抗蠕变性能研发及应用等方面，我国 UHMWPE 纤维仍较国际巨头的产品存在一定差距，企业未来要在这些方面继续加大研发力度。总体来看，UHMWPE 纤维未来仍具备广阔的应用前景。

表 2-1 UHMWPE 纤维企业工艺路线及其所在地

UHMWPE 纤维企业名称	生产工艺路线	企业所在地（国家 / 地区）
荷兰 DSM 公司	干法纺丝工艺	荷兰
日本东洋纺公司	干法纺丝工艺	日本
中国石化仪征化纤股份有限公司	干法纺丝工艺	江苏
美国霍尼韦尔公司	湿法纺丝工艺	美国
日本三井石化公司	湿法纺丝工艺	日本
日本帝人集团	湿法纺丝工艺	日本
江苏九九久科技股份有限公司	湿法纺丝工艺	江苏
山东爱地高分子材料有限公司	湿法纺丝工艺	山东
浙江千禧龙特种纤维有限公司	湿法纺丝工艺	浙江
北京同益中新材料科技股份有限公司	湿法纺丝工艺	北京
江苏锵尼玛新材料股份有限公司	湿法纺丝工艺	江苏
湖南中泰特种装备有限责任公司	湿法纺丝工艺	湖南
宁波大成新材料股份有限公司	湿法纺丝工艺	浙江
上海斯瑞科技有限公司	湿法纺丝工艺	上海
常熟秀泊纤维有限公司	湿法纺丝工艺	江苏
东莞市索维特特殊线带有限公司	湿法纺丝工艺	广东

标准型 UHMWPE 绳索（一般称 UHMWPE 绳索）采用 UHMWPE 纤维，经过多道复合工艺、使用独特的技术模型制作而成，工作载荷下伸长率低于 3%，可以根据客户需求延长 20% 的使用寿命。UHMWPE 绳索密度 0.97 g/cm^3，漂浮于水；其熔点 145℃，最高使用温度 80℃，断裂伸长率小于 4%，且耐磨性、耐化学腐蚀性、耐紫外光等性能优异；UHMWPE 绳索回潮率为 0，干湿强度比为 100%。针对不同领域或工况等的需求，UHMWPE 绳索可以加工成标准型绳索、高强型绳索、耐磨型绳索和低蠕变型绳索等不同类型（见图 2-2）。高强型 UHMWPE 绳索采用高强纤维（如 Dyneema® SK78 纤维，spectra® 纤维等）加工而成，能够浮在水上并且具备不吸湿、在严酷的工况环境下不老化等特性。高强型 UHMWPE 绳索非常适合深远海养殖用网纲等用途。耐磨型 UHMWPE 绳索采用特殊复合纤维（如 Dyneema® SK78 纤维），运用独特的技术模型制作而成，具有超强的耐磨性。耐磨型 UHMWPE 绳索非常适合深远海养殖缘纲等用途。低蠕变型 UHMWPE 绳索采用特殊复合纤维（如

Dyneema® SK78 纤维）制成，同样规格下，与标准型 UHMWPE 绳索强力相同，但蠕变仅为其 25%，长时间负载的蠕变伸长率低，特别适用于深远海养殖用网纲等低蠕变绳索要求场合。

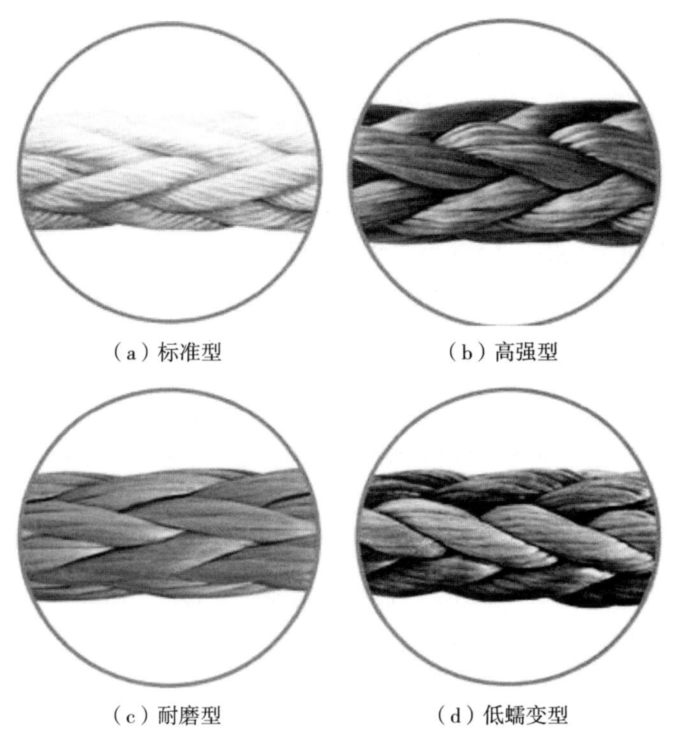

（a）标准型 （b）高强型

（c）耐磨型 （d）低蠕变型

图 2-2 不同类型的 UHMWPE 绳索

UHMWPE 绳索综合性能优越，被广泛应用于海工、渔业、航运和军事防护等领域。基于深远海养殖恶劣的海况条件，我国现有深远海养殖用网纲多选用 UHMWPE 绳索。UHMWPE 纤维制成的绳索，在自重下的断裂长度是钢丝绳的 8 倍，是芳纶的 2 倍；用于超级油轮、海洋操作平台、灯塔等的固定锚绳，解决了以往使用钢缆遇到的锈蚀和尼龙、聚酯缆绳遇到的腐蚀、水解、紫外光降解等导致缆绳强度降低和断裂，需经常进行更换的问题。

UHMWPE 纤维制作的绳索有 3 股捻绳、4 股捻绳、6 股编绞绳、8 股编织绳和 12 股编织绳等系列，该绳索的出现替代了对传统钢丝绳应用，它比同等直径的钢丝强度高 1.5 倍左右，质量轻 85% 左右，可漂浮于水面上，并且具有耐磨、柔软、易操作、安全性高、防腐、耐老化等特点。在渔业和海岸工业中作为重负荷绳索，用于海上打捞、救援、停泊、抛锚、拖泊等；在船艇领域用作帆船帆缆、帆脚索、升降索和细绳系列；体育领域用作滑翔索、伞索、登山索、张帆绳索、射箭用弓弦等；军用领域用于海军绳缆，军用伞具绳索、直升机吊索、救援索及陆军部队用的各类强力绳索等。UHMWPE 纤维在各类绳索中有广泛的应用，但是由于纤维本身非常柔软，制备绳索时增加捻度会使强度有所下降，若不加捻或加捻较弱时，制备出的绳索的纤维间贴服程度较低，容易出现毛羽；工业生产中还会对绳索的其他性能提出一定要求，如不同颜色、增加耐磨性、耐候性、延长绳索使用寿命等。因此需要对绳索进行一定的处理，如使用涂层等。目前对绳索纤维的涂层应用研究较少，涂层技术在纺织织物中有广泛的应用，将织物进行涂层处理可以制备各种多功能纺织品。绳索是纺织品的一种，UHMWPE 纤维则属于化学材料，借鉴纺织涂层和材料涂层的应用情况对绳索涂层研究有一定的帮助和指导。绳索作为一种纺织品，通过对表面进行不同种类的涂层处理，可增加其韧性、抗拉强度、耐磨性、阻燃性、耐腐蚀等多种性能，因此，对绳索的表面涂层处理，已经成为提高产品质量和性能的重要发展方向。涂层剂的种类很多，目前主要应用是聚丙烯酸酯类和聚氨酯类。随着高分子化学的飞速发展，涂层种类和技术不断多样化。采用不同高分子材料作涂层剂，或在涂层剂中混入不同的功能性添加剂，对绳索进行涂层整理，可以方便地制成功能性绳索。

随着深远海网箱、远洋大型渔具、大型养殖围网等的发展，UHMWPE 材料在渔业中将会得到更为广泛的应用。UHMWPE 绳索一般由 UHMWPE 纤维复丝制成，其特性为断裂强度高、伸长率小、自重轻、耐磨耗、特别柔软和易操作等，因而在安全防护领域首先得以应用。随着 UHMWPE 纤维材料的批量生产，其售价逐步降低，已广泛应用到渔业、海工、军事、航空和航天等领域。虽然 UHMWPE 绳索在海洋渔业或其他海洋工程上的应用时间不长，但在欧美、日本等渔业发达国家，已成为渔业或海洋工程管理者最易于接受的新材料之一，并积极从事该领域的基础理论研究和海上试验。2000 年前，国内有关拖网渔业对 UHMWPE 绳索使用较少，有关深远海网箱用 UHMWPE 绳索的研究更少（图 2–3）。

图 2–3 UHMWPE 纤维及绳索

2000 年至今，水科院东海所石建高研究员课题组在“水产养殖高新技术开发研究”“深水网箱箱体用高强度绳网的研发与示范”“超高分子量聚乙烯纤维在渔业等领域应用推广服务”等项目的资助下，携手荷兰 DSM 公司等单位开展了 UHMWPE 纤维绳网标准化研究、深远海养殖用 UHMWPE 纤维绳网的研发与示范，成功制定了 UHMWPE 纤维绳网相关标准（包括国家标准、行业标准），并开发出周长 200 m 的特力夫纤维超大型深海网箱、大型生态养殖围栏等水产养殖设施及其绳网材料，大大提高了 UHMWPE 纤维绳网标准化水平、水产养殖设施的抗风浪性能与安全性，引领了我国水产养殖设施的绳网技术升级。UHMWPE 绳索的技术特性可参见“Fibre ropes – High modulus polyethylene – 8–strand braided ropes，12–strand braided ropes and covered ropes”（ISO 10325：2018）和《超高分子量聚乙烯纤维 8 股、12 股编绳和复编绳索》（GB/T 30668—2014）等相关标准。渔用 UHMWPE 绳索的技术特性参见水科院东海所石建高等起草发布的《渔用绳索通用技术条件》（GB/T 18674—2018）（表 2–2）。上述标准推动了 UHMWPE 纤维绳网在我国渔业的产业化应用（见图 2–4）。

表 2–2　3 股超高分子量聚乙烯渔用绳索的物理性能

公称直径[a]（mm）	线密度		最低断裂强力[b、c、d]（kN）		
	名义（ktex）	偏差（%）	优等品	一等品	合格品
20	240	± 5	271	244	203
22	290	± 5	341	307	255
24	340	± 5	402	362	301
26	400	± 5	471	424	353
28	460	± 5	549	494	412
30	530	± 5	637	573	478
32	600	± 5	736	662	552
34	680	± 5	824	742	616
36	770	± 5	912	821	684
38	850	± 5	1 010	909	758
40	940	± 5	1 140	1 030	855
44	1 150	± 5	1 380	1 240	1 040
48	1 360	± 5	1 610	1 450	1 210
52	1 600	± 5	1 920	1 730	1 440
56	1 850	± 5	2 190	1 970	1 640
60	2 120	± 5	2 520	2 270	1 890

续表

公称直径[a]（mm）	线密度		最低断裂强力[b、c、d]（kN）		
	名义（ktex）	偏差（%）	优等品	一等品	合格品
64	2 400	± 5	2 880	2 590	2 160
68	2 720	± 5	3 260	2 930	2 450
72	3 070	± 5	3 630	3 270	2 720

注：a. 公称直径是使用毫米表示的近似直径；

b. 本表中的断裂强力是干态新制绳索的指标，湿态下的该指标将会低一些；

c. 当绳索的断裂位置在包括插接眼环的插接区域内时，其最低断裂强力指标应减少 10%；

d. 按《纤维绳索　有关物理和机械性能的测定》（GB/T 8834—2016）规定的测试方法测定的强力并非绳索在其他环境和条件下的准确强力值；绳索破坏时加载速率的类型和种类、在加载之前的条件和受力情况将明显影响断裂强力；绳索在柱、绞盘及滑轮处弯曲后，或许会在明显低的力值下断裂；绳索上的结或其他变形均能明显降低断裂强力。

图 2-4　UHMWPE 绳索在深远海养殖装备设施上的应用

2. 芳纶纤维绳索材料

美国政府通商委员会将芳香族聚酰胺定名为 Aramid，由它制造的纤维就是芳香族聚酰胺纤维（称为芳纶，代号 AR）。芳纶纤维绳索材料目前已在消防、系泊缆、传统养殖业等领域中应用，但尚未在我国深远海养殖业领域应用，它是潜在的深远海养殖用高性能网纲材料。聚对苯二甲酰对苯二胺纤维在我国称为对位芳纶纤维，简称 PPTA 纤维，是极为重要的有机合成纤维之一，具有优异的物理机械性能、热氧稳定性、阻燃性及优良的电性能等。生产 PPTA 纤维的企业有美国杜邦公司和日本帝人集团等，其商品名有 Kevlar、Twaron 和 Technora。PPTA 纤维的密度为 1.39~1.47 g/cm^3，强度为 19.4~23.9 cN/dtex。PPTA 纤维优异的综合性能使其应用领域越来越广泛，规格品种也越来越丰富。PPTA 纤维作为世界三大高性能纤维之一，是重要战略物资，在国防、航空、航天及民用等领域应用广泛。PPTA 纤维除了用于产业用纺织品（如缆绳类、编织线绳类、编织带等，图 2–5）、防护服、增强材料、石棉替代品和水泥补强材料等，还出现了导电 PPTA 纤维、绝缘 PPTA 纤维和 PPTA 鬃丝等新品种。随着 PPTA 纤维材料产量的增加，人们已将 PPTA 纤维应用于渔业等领域。

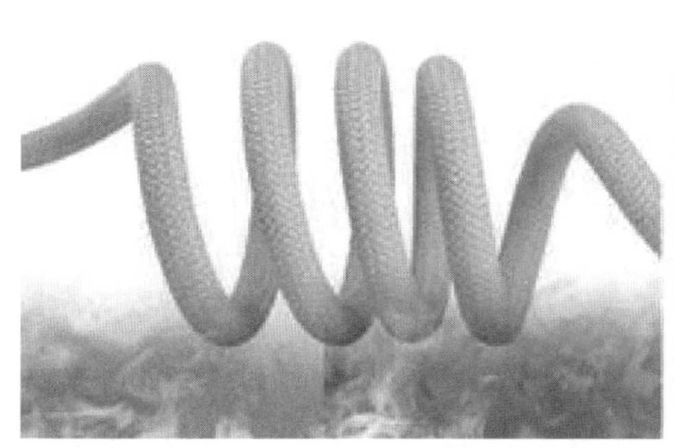

图 2–5 形式多样的芳纶绳索

PPTA 绳索具有耐高温、耐酸碱、高强度、高模量的优异性能，它们在 204℃下 5 min 内不熔融、不焦化，直径 8 mm 以上的 PPTA 绳索的断裂强力超过 30 kN，达到《消防用防坠落装备》（GA494—2004）标准的轻型安全绳的质量指标。若在渔业中应用 PPTA 绳索（图 2–6），则可大幅度减小网具纲索直径、网具阻力及其在平台占用空间。随着深远海网箱、大型养殖围栏和休闲渔业的发展以及 PPTA 纤维价格的下调，PPTA 纤维有望在深远海养殖等领域得到应用。

PPTA 纤维绳索的技术特性参见《芳纶纤维绳索》（FZ/T 63045—2018）标准。

图 2–6 PPTA 纤维及其绳索产品

该标准规定了芳纶纤维绳索的术语和定义、标识、材料、一般技术要求、物理特性、试验方法、检验规则、标志、包装、运输和贮存；该标准适用于线密度为26.4~9 188 ktex，以对位芳纶纤维（又称芳纶 1414）为原料制成的芳纶纤维绳索。《芳纶纤维绳索》标准规定绳索应由对位芳纶纤维材料组成；相关芳纶纤维绳索的线密度和断裂强力应符合表 2-3 和表 2-4 的规定。其他芳纶纤维绳索的线密度和断裂强力标准可参照执行。

表 2-3 8 股（L 型）、12 股（T 型）芳纶纤维绳索的线密度和最低断裂强力

绳索代号[a]	线密度[b]		最低断裂强力（kN）			
	公称值（ktex）	允许偏差率（%）	普通级		高强级	
			无眼环	尾段插接眼环绳	无眼环	尾段插接眼环绳
6	29.1	± 10	20.9	19.0	25.1	22.8
8	51.7	± 10	37.4	34.0	44.9	40.8
10	80.8	± 8	60.5	55.0	72.6	66.0
12	116	± 8	82.5	75.0	99.0	90.0
16	207	± 8	143	130	172	156
18	262	± 5	189	172	227	206
20	325	± 5	225	205	271	246
24	465	± 5	339	308	406	369
28	632	± 5	472	429	566	515
32	828	± 5	593	539	712	647
36	1 050	± 5	640	582	768	698
40	1 290	± 5	786	715	944	858
44	1 570	± 5	956	869	1 150	1 040
48	1 860	± 5	1 133	1 030	1 360	1 240
52	2 190	± 5	1 330	1 210	1 600	1 450
56	2 540	± 5	1 550	1 410	1 860	1 690
60	2 910	± 5	1 770	1 610	2 130	1 930
64	3 310	± 5	2 010	1 830	2 420	2 200
72	4 190	± 5	2 550	2 320	3 060	2 780
80	5 180	± 5	3 160	2 870	3 790	3 440
88	6 270	± 5	3 820	3 470	4 580	4 160
96	7 460	± 5	4 540	4 130	5 450	4 960
104	8 750	± 5	5 340	4 850	6 400	5 820

注：a. 绳索代号相当于其以毫米计的近似直径。
b. 线密度（以千特克斯计）相当于绳索单位长度的净质量，用千克每千米表示。

表 2-4　3 股（A 型）芳纶纤维绳索的线密度和最低断裂强力

绳索代号[a]	线密度[b]		最低断裂强力（kN）			
	公称值（ktex）	允许偏差率（%）	普通级		高强级	
			无眼环	尾段插接眼环绳	无眼环	尾段插接眼环绳
6	29.1	± 10	20.9	19.0	24.7	22.8
8	51.7	± 10	37.2	33.8	44.0	40.6
10	80.8	± 8	56.1	51.0	66.3	61.2
12	116	± 8	80.3	73.0	94.9	87.6
16	207	± 8	143	130	169	156
18	262	± 5	181	165	215	198
20	325	± 5	226	205	267	246
24	465	± 5	316	287	373	344
28	632	± 5	431	392	510	470
32	828	± 5	553	503	654	604
36	1 050	± 5	660	600	780	720
40	1 290	± 5	781	710	923	852

注：a. 绳索代号相当于其以毫米计的近似直径。
　　b. 线密度（以千特克斯计）相当于绳索单位长度的净质量，用千克每千米表示。

3. 超高分子量聚乙烯裂膜纤维绳索材料

水科院东海所石建高研究员课题组的前期研究结果表明，超高分子量聚乙烯裂膜纤维（简称 UHMWPE-F 纤维）绳索材料综合性能优越，目前已在深远海养殖业推广应用。超高分子量聚乙烯裂膜纤维作为一种新材料，是将超高分子量聚乙烯原料经挤出等工艺成膜后，进行热拉伸取向，再经热定型后形成大纤度裂膜，最后经切割获得绳网编织用裂膜纤维。近年来，科技人员以 UHMWPE-F 纤维为基体纤维，开发出形式多样的 UHMWPE-F 绳网材料，推动了 UHMWPE-F 绳网在渔业等领域的应用（见图 2-7 和表 2-5）。

UHMWPE-F 绳索性能近似于 UHMWPE 绳索，但其价格低于后者，且 UHMWPE-F 绳索废旧后可实现回收利用。目前，UHMWPE-F 绳网的产业化应用工作正在开展中，已取得较好的试验效果。若在渔业中以 UHMWPE-F 绳网替代传统 PE 绳网，则可大幅度减小网具纲索直径、网具阻力及其在平台占用的空间。随着深远海网箱、大型养殖围栏等深远海养殖装备的发展以及 UHMWPE-F 纤维价格的下调，

图 2-7　UHMWPE-F 绳网材料

表 2-5　不同纤维材料绳索的力学性能比较

绳索类型	绳索结构	公称直径（mm）	线密度（ktex）	断裂强力（kN）
PE 单丝绳索	3 股	6	17	4.30
UHMWPE 绳索	3 股	6	19	17.7
UHMWPE-F 绳索	3 股	6	21	16.1
PET-PP 绳索	3 股	14	97	24.7
PP 绳索	3 股	14	81	20.9
UHMWPE-F 绳索	3 股	14	83	104
UHMWPE 绳索	12 股	14	87	157
UHMWPE-F 绳索	12 股	14	96	108

注：PET-PP 绳索为聚酯 - 聚丙烯绳索。

UHMWPE-F 纤维将在深远海养殖等领域得到进一步推广应用。目前，水科院东海所石建高研究员课题组正在起草 UHMWPE-F 纤维绳网相关标准，以进一步推动 UHMWPE-F 纤维的产业化应用。

4. *碳纤维绳索材料*

碳纤维绳索材料目前已在捕捞渔具等领域少量应用，但尚未在深远海养殖业应用，它是潜在的深远海养殖用高性能网纲材料。碳纤维是有机纤维在惰性气体中经高温碳化而成的纤维状碳化合物，或纤维化学组成中碳元素占总质量 90% 以上的纤维，具有高强高模性能，其代号为 CF。在渔用纤维材料中，CF 材料的强度较高。CF 材料弹性模量值仅为钢丝材料的 3/4，CF 绳索相对于同等规格的钢丝绳自重也小得多。虽然 CF 材料的强度相对于其他材料已经足够高，但有一些相关领域的学者也在通过各种方式来继续提升 CF 材料的性能。CF 材料主要研制和生产者有日本东丽公司、东邦贝丝纶公司、三菱人造丝公司，美国赫氏公司，英国 BP-Amoco 公司，韩国泰光集团以及印度信实工业公司和中国威海光威复合材料有限公司等。CF 根据原丝类型分类，有聚丙烯氰（PAN）基碳纤维、黏胶基碳纤维、沥青基碳纤维等。20 世纪 70 年代以来，使用聚丙烯腈纤维（腈纶）为原料生产的腈纶基碳纤维占据主要比例。CF 的密度为 1.5~2 g/cm^3，比金属材料小得多；强度为 12.3~38.8 cN/dtex。高模量 CF 的最大延伸率很小，尺寸稳定性好，不宜发生变形。在没有氧气的情况下，CF 能够耐受 3 000℃的高温，这是其他纤维无法与之相比的。CF 对一般的酸、碱有良好的耐腐蚀性，其热膨胀系数小，约等于零；热导率高，为 10~140 W/（m·K）；摩擦系数小，导电性好。CF “外柔内刚”，质量比金属铝轻，但强度却高于钢铁，并且具有耐腐蚀、高模量、密度低、比性能高、无蠕变、非氧化环境下耐超高温、耐疲劳性好等特性。它不仅具有碳材料的固有本征特性，又兼备纺织纤维的柔软可加工性，是新一代增强纤维。目前，已在军事及民用工业的各个领域取得广泛应用，可用于制造航天、航空、汽车、电子、机械、化工、轻纺等民用工业品以及运动器材和休闲用品等。

由于 CF 材料既具有钢铁的拉伸模量、高于钢铁几倍乃至数十倍的拉伸强度，又具有纤维的柔软可编性，以此制作 CF 绳索，恰好可弥补钢丝绳和有机高分子绳索的不足，得到高性能的 CF 绳索（图 2–8）。CF 绳索首先在日本问世，由日本东京制绳公司和东邦人造丝公司联合开发成功。CF 绳索不仅重量轻，比强度、比模量高，

图 2–8 CF 材料及其绳索产品

而且耐腐蚀，在高温和低温环境中线膨胀系数小，性能稳定且质地柔软；因此，它具有传统绳索无可比拟的优越性。CF 作为高性能纤维，其绳索产品可以在多个领域中应用。与结构和直径差不多的钢丝绳相比较，CF 绳索的重量还不到钢丝绳的 1/4；将其埋入混凝土中，在拉拔时的附着强度为钢丝绳的两倍多。CF 绳索主要用于支持（撑）性绳缆，如大跨度斜拉桥缆绳；增强混凝土，如海洋工程混凝土；舰船、海上作业船用绳索；游艇支索；登山用绳索以及替代钢丝绳用于电梯缆绳等。

CF 绳索本身带有一些 CF 材料的基本特性，比如脆性高，不耐屈挠，虽然相对于钢丝绳之类的绳索有更好的可编性，但是相对于其他的柔性纤维，其柔韧性相对较差，导致 CF 绳索在制造和使用过程中容易发生局部断裂。专业技术人员经研究发现，CF 绳索表面有起毛现象是其发生断裂的一个原因，因此尝试用乳液进行处理。经对比发现，CF 绳索在经过乳液处理后，会在绳索表面形成一层柔韧的保护膜，这层保护膜可以有效避免碳纤维束之间的相互摩擦，从而有效抑制 CF 绳索的起毛现象，提升其抗断裂性能。CF 的高模量特性也使得 CF 绳索在制造过程中容易发生断裂；CF 之间的排列方式如果不合理，就会使其整体或者局部受力不均，导致利用率较低，进而引发局部断裂。CF 绳索的断裂伸长率要比钢丝绳小得多，它的应力 - 应变曲线近似一条直线，中间没有屈服点，在多次重复使用中也没有参与应变，在应力振幅较小的情况下几乎没有疲劳现象发生，在应力振幅较大时表现出了良好的抗疲劳特性。此外，CF 绳索耐腐蚀，不生锈和优良的耐受性相对于钢丝绳和传统纤维绳索也有很大优势。诚然，CF 只有与特定树脂复合后其优异性能才能发挥出来，必须选择合适的基体树脂将 CF 加工成复合材料的形式，因此，CF 绳索的制造方法远比传统绳索复杂，不能采用传统的制绳设备和工艺制造，必须根据其自身的特点，采用专用设备和工艺。目前，CF 绳索的编织结构有捻绳、单层编织、双层编织以及实心编织等绳索结构，其中双层编织结构的绳芯包括编绳、捻绳以及平行线绳等。上述结构的绳索在编织过程中大都会对长纤维进行加捻。CF 虽有一定的可编性，但脆性较大，没有常规纤维的柔韧性，这使得 CF 在制绳和使用过程中，易造成局部损伤而受到一定应用限制。

5. 中高分子量聚乙烯单丝绳索材料

中高分子量聚乙烯单丝绳索材料综合性能较好，目前已在捕捞渔具上应用，但尚未在深远海养殖业中应用，它是潜在的深远海养殖用高性能网纲材料。中高分子量聚乙烯（MHMWPE）单丝是一种具有优良综合性能的渔用纤维新材料。MHMWPE 树脂的分子量约在 80 万，高于目前渔业中应用最普遍的 HDPE 树脂（分子量为 10 万 ~50 万），又远低于 UHMWPE 树脂（分子量大于 150 万）。与 UHMWPE 树脂相比较，MHMWPE 树脂因熔体黏度低，可采用特种工艺进行熔融纺丝，生产成本相对较低，而 MHMWPE 树脂由于高结晶度、高取向度，其强度、模量均高于 HDPE 树脂。专业技术人员将少量的中高分子量聚乙烯树脂引入到 HDPE 树脂，在双重诱导的作用下制备了性能良好的聚合物材料，其拉伸强度和缺口冲击强度都有大幅提高。采用特种纺丝技术开发 MHMWPE 单丝新材料具有可行性。具有高强高模性能的 MHMWPE 单丝新材料可取代 PE 单丝，在藻类离岸养殖设施、深远海网箱、大型养殖围网等领域推广应用（图 2–9）。

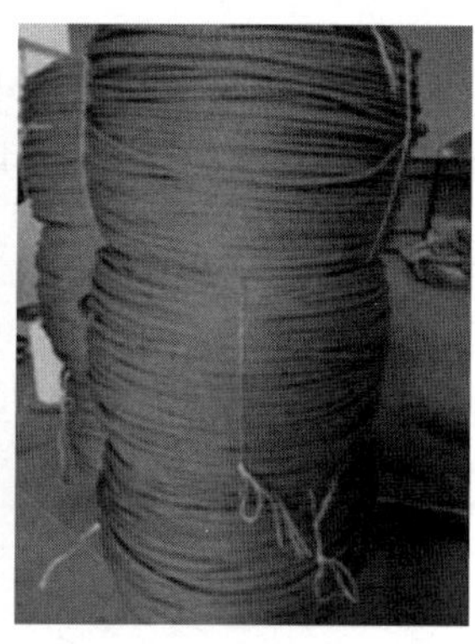

图 2–9　MHMWPE 单丝纺丝及其绳索产品

近年来，水科院东海所石建高研究员课题组联合相关单位，在国内率先开展了 MHMWPE 单丝绳网在远洋渔具、养殖设施等领域的应用示范，研究结果表明：直径为 14 mm 的 MHMWPE 绳索新材料的线密度、断裂强力、断裂强度和断裂伸长率分别为 101 ktex、2.56 kN、2.53 cN/dtex 和 22.9%；在保持绳索强力优势的前提下，以 MHMWPE 绳索新材料来替代普通合成纤维绳索，既能使远洋渔具与藻类离岸养殖设施等领域用绳索直径最多减小 17.6%、线密度减小 1.9%~35.3%、断裂强度增加 7.1%~62.0%、断裂伸长率减小 49.1%~54.2%、原材料消耗减少 1.9%~35.3%，又能使网具阻力相应减小，其性价比、安全性及物理机械性能相对较好，产业化应用前景广阔。为在渔业上推广应用 MHMWPE 材料，形成特色品牌，石建高研究员将与 MHMWPE 相关的渔用材料（包括 MHMWPE 改性材料、纤维绳网材料、网具材料等）命名为（渔用）中高强聚乙烯材料或（渔用）中高分子量聚乙烯材料。目前，石建高研究员课题组正将研制的 MHMWPE 绳索新材料在渔业生产中开展应用示范，应用示范效果表明上述绳索新材料的节能降耗或降耗减阻效果显著，因此，MHMWPE 绳索新材料的前景非常广阔。

6. *玄武岩纤维绳索材料*

玄武岩纤维绳索材料目前在防护等领域应用或试验，但未见其在深远海养殖业应用的公开报道，它是潜在的深远海养殖用高性能网纲材料。玄武岩纤维

（CBF）是将玄武岩石料在 1 450~1 500℃熔融后，通过铂铑合金拉丝漏板高速拉制而成的连续纤维。CBF 的成分几乎囊括了地壳中的所有元素，硅、镁、铁、钙、铝、钠、钾等主要元素成分约占 99% 以上。CBF 与 UHMWPE 纤维相比，具有吸湿性低、耐环境性能好、抗紫外光性能强、力学性能佳（如力学性能的抗拉强度为 3 800~4 800 MPa，比大丝束碳纤维、芳纶、聚苯并咪唑纤维、钢纤维、硼纤维、氧化铝纤维都要高，与高强玻璃纤维相当，是普通钢筋的 3 倍以上，密度则只有钢材的 1/4 左右）、耐酸碱性好（超过常用的耐酸碱玻璃钢的性能）、耐温性能好（可在 −269~700℃范围内连续工作，在 700℃条件下强度不改变）、介电性能优良（介电损失角正切比玻璃纤维低 50%，可用于制造新型耐热介电材料）、抗热振稳定性显著（在 500℃环境条件下的抗热振稳定性仍然不变，原始质量分数损失不到 0.02，900℃时也仅损失 0.03）等特点，此外，它还具有抗辐射、透波性好、绝缘性能好以及高温过滤性佳等优点。CBF 材料可广泛应用于航天、航空、高速列车、汽车、船舶、国防、军工、安防、建筑工程、防火工程、海洋工程、土木工程、公路工程、桥梁工程、电力工程、石油工程、加固工程等行业（图 2–10）。

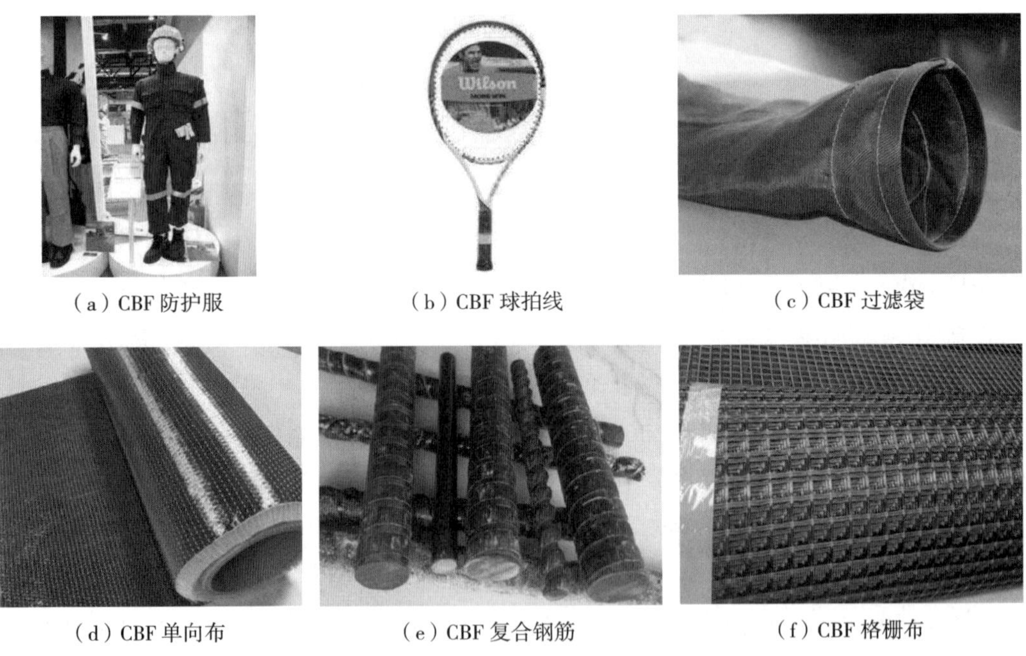

（a）CBF 防护服　（b）CBF 球拍线　（c）CBF 过滤袋

（d）CBF 单向布　（e）CBF 复合钢筋　（f）CBF 格栅布

图 2–10　CBF 材料在相关产品中的应用

CBF 绳索与玻璃纤维绳索相比，具有明显优势，使用温度范围更宽（−260~982℃），如 CBF 绳索在 650℃下连续工作时，其断裂强度仍能够保持 80% 的原始强度（优良的矿棉纤维只能保持 50%~60% 的原始强度，而玻璃棉和无碱玻璃纤维绳则被完全破坏）；CBF 绳索还具有可压缩性、较高的回弹性和较低的摩擦系数、耐酸碱腐蚀、介电性能更好、耐辐射和紫外光等优点；其纤维纱捻合而成的 CBF 绳索具有强度高、伸长率小、耐热性和绝缘性优良等特点，可通过涤纶、聚酯纤维或聚四氟乙烯、橡胶表面编织一层保护套，解决耐磨等问题（图 2-11）。CBF 绳索除应用于消防安全领域外，还可应用于海洋、船舶、特种装备等领域。另外，CBF 绳索是泵、阀门和管道接合处的密封材料，可防止化工等气体、液体的泄漏，尤其是针对一些高温、高压液体、气体和酸碱腐蚀性液体和气体，是一种高性能的密封材料。

图 2-11 不同结构类型的 CBF 绳索

二、普通网纲材料

1. 聚丙烯绳索材料

聚丙烯绳索材料目前已在锚缆、网纲等水产领域应用，但深远海养殖用聚丙烯绳索需进行特殊处理（如聚丙烯纤维加工时需添加耐老化剂、绳索加工后采用耐老化涂料处理等），它属于深远海养殖用普通网纲材料。在深远海养殖领域，有时锚缆会使用 8 股聚丙烯绳索或 12 股聚丙烯绳索（见图 2-12）。聚丙烯绳索（亦称丙纶绳）由聚丙烯纤维制成。根据高分子链立体结构的不同，聚丙烯树脂有三个品种：间规聚丙烯（SPP）、无规聚丙烯（APP）和等规聚丙烯（IPP）。根据国际通行标准，聚丙烯纤维通常可以缩写为 PP。PP 是以丙烯聚合得到的等规聚丙烯为原料纺制而成的合成纤维，在我国的商品名为丙纶。1957 年，由意大利的 Montecatini 公司首先实现等规聚丙烯工业化生产，1958—1960 年，该公司又将聚丙烯用于纤维生产。PP 形态主要有复丝、单丝、短纤维和裂膜纤维等。PP 具有密度小、强度较高、耐磨性较好、耐热性较差、耐光性较差和染色性较差等特点。PP 是制造绳缆、渔网和扎带等的理想材料。PP 裂膜纤维是经高倍牵伸的薄膜带，其伸长率较小，甚至

图 2-12　聚丙烯绳索

比 PP 复丝还低；另外，PP 裂膜纤维柔挺性好，制绳索时仅需较少加捻，制造工艺较为简单，比其他几种形态的纤维绳索价格相对较低；制造绳纱的 PP 薄膜带的宽度为 20~40 mm。PP 复丝的外观与 PA 复丝、PET 复丝非常相似，其粗度为 0.22~1.67 tex。PP 单丝直径一般为 0.15~0.40 mm，其短纤维类似于马尼拉（Manila）麻、西沙尔（Sisal）麻等植物硬纤维。PP 绳索的技术特性见"Fibre ropes – Polypropylene split film, monofilament and multifilament（PP2）and polypropylene high-tenacity multifilament（PP3）– 3-，4-，8- and 12-strand ropes"（ISO 1346：2021）和《纤维绳索　聚丙烯裂膜、单丝、复丝（PP2）和高强度复丝（PP3）3、4、8、12 股绳索》（GB/T 8050—2017）等相关标准（如表 2-6）。PP 绳索在渔业等领域应用很广。PP 绳索在中小型深远海网箱锚绳中应用较多，而在大型深远海网箱中应用较少。

表 2-6　聚丙烯渔用绳索物理性能

公称直径[a]（mm）	线密度		最低断裂强力[b、c、d]（kN）											
			3 股绳索			4 股绳索			8 股绳索			12 股绳索		
	名义（ktex）	偏差（%）	优等品	一等品	合格品	优等品	一等品	合格品	优等品	一等品	合格品	优等品	一等品	合格品
4	7.23	± 10	2.80	2.65	2.35	—	—	—	—	—	—	—	—	—
4.5	9.15	± 10	3.55	3.35	3.00	—	—	—	—	—	—	—	—	—
5	11.3	± 10	4.25	4.05	3.60	—	—	—	—	—	—	—	—	—
6	16.3	± 10	6.00	5.70	5.10	—	—	—	—	—	—	—	—	—
8	28.9	± 10	10.0	9.50	8.50	—	—	—	—	—	—	—	—	—
9	36.6	± 10	12.5	12.0	10.5	—	—	—	—	—	—	—	—	—

续表

公称直径[a]（mm）	线密度		最低断裂强力[b、c、d]（kN）											
	名义（ktex）	偏差（%）	3股绳索			4股绳索			8股绳索			12股绳索		
			优等品	一等品	合格品	优等品	一等品	合格品	优等品	一等品	合格品	优等品	一等品	合格品
10	45.2	±8	15.0	14.0	12.5	14.0	13.5	12.0	—	—	—	—	—	—
12	65.1	±8	21.2	20.0	18.0	19.0	18.0	16.0	21.2	20.0	18.0	22.4	21.2	19.0
14	88.6	±8	28.0	26.5	23.5	26.5	25.0	22.5	27.0	25.5	23.0	28.5	27.8	25.0
16	116	±5	37.5	35.5	32.0	33.5	32.0	28.5	33.5	32.0	28.5	35.5	35.5	32.0
18	146	±5	45.0	42.5	38.0	45.0	42.5	38.0	45.0	42.5	38.0	45.0	42.5	38.0
20	181	±5	56.0	53.0	47.5	53.0	50.5	45.0	53.0	50.5	45.0	56.0	53.0	47.5
22	219	±5	67.0	63.5	57.0	60.0	57.0	51.0	63.5	60.2	54.0	67.0	63.5	57.0
24	260	±5	80.0	76.0	68.0	71.0	67.5	60.5	75.0	71.0	64.0	80.0	76.0	68.0
26	306	±5	90.0	85.5	76.5	80.0	76.0	68.0	87.0	82.5	74.0	90.0	85.5	76.5
28	354	±5	106	100	90.0	95.0	90.0	80.2	100	95.0	85.0	106	100	90.0
30	407	±5	118	112	100	106	100	90.0	112	106	95.0	118	112	100
32	463	±5	132	125	112	125	118	105	132	125	112	140	133	119
36	586	±5	170	162	144	150	142	128	160	152	136	170	162	144
40	723	±5	200	190	170	180	170	155	200	190	170	210	200	178
44	875	±5	250	238	212	224	212	190	236	224	200	250	238	212
48	1 040	±5	280	265	238	250	235	212	280	265	238	300	285	255
52	1 220	±5	335	318	284	300	285	255	335	318	284	355	335	300
56	1 420	±5	375	355	318	335	318	284	375	355	318	400	380	340
60	1 630	±5	425	405	360	400	380	340	425	405	360	450	425	382
64	1 850	±5	500	475	425	450	425	382	475	450	405	500	475	425
72	2 340	±5	600	570	510	560	530	475	600	570	510	630	600	535

注：a. 公称直径是使用毫米表示的近似直径；

b. 本表中的断裂强力是干态新制绳索的指标，湿态下的该指标将会低一些；

c. 当绳索的断裂位置在包括插接眼环的插接区域内时，其最低断裂强力指标应减少 10%；

d. 按 GB/T 8834—2016 规定的测试方法测定的强力并非绳索在其他环境和条件下的准确强力值；绳索破坏时加载速率的类型和种类、在加载之前的条件和受力情况将明显影响断裂强力；绳索在柱、绞盘及滑轮处弯曲后，或许会在明显低的力值下断裂；绳索上的结或其他变形均能明显降低断裂强力。

2. 聚乙烯绳索材料

聚乙烯绳索材料目前已在网纲、连接绳等水产领域应用，聚乙烯绳索可在小型深远海养殖装备设施的网纲上应用，但不建议在养殖水体大于 1 万 m^3 的大型深远海养殖装备设施的网纲上应用，它属于深远海养殖用普通网纲材料。在渔业领域，聚乙烯绳索用量最多。在深远海养殖领域，有时绑扎绳会使用聚乙烯绳索。聚乙烯树脂产量大、品种繁多。根据国际通行标准，聚乙烯通常缩写为 PE。以生产工艺、树脂的结构和特性进行分类，聚乙烯树脂习惯上主要分为高密度聚乙烯（HDPE）、高压低密度聚乙烯（HP-LDPE）和线性低密度聚乙烯（LLDPE）三大类。除普通聚乙烯树脂外，近年来还出现了 UHMWPE 树脂和 MHMWPE 等高分子量聚乙烯树脂新材料。高密度聚乙烯相对分子质量较高、支链少、密度大、结晶度高、质坚韧、机械强度高，可制作合成纤维、水产养殖网箱浮管和海参养殖笼等。PE 单丝是以 HDPE 为原料采用常规熔融纺丝法生产的合成纤维，在我国的商品名为乙纶，其直径范围一般为 0.15~0.40 mm。

聚乙烯绳索（亦称 PE 绳索、PE 绳、乙纶绳索和乙纶绳，图 2-13）主要由 PE 单丝制成。聚乙烯绳索以其良好的抗拉伸强度、抗冲击性、柔挺性，以及比重小、滤水性强、表面光滑等良好的渔用性能，成为渔业生产中的主要渔具材料、网箱框架材料或养殖围栏用纲索材料，广泛应用于拖网渔具、养殖网箱、养殖围栏和贝藻养殖设施等。PE 单丝具有密度小、耐磨性好、耐酸碱性良好等特点。低牵伸的 PE 单丝，在连续和长时间载荷作用下会发生蠕变（这是一种永久伸长）。在达到断裂试验的最大载荷以后和实际断裂之前，聚乙烯试样可以继续伸长，而此时张力已下降，在这种情况下，断裂载荷不等于最大载荷，而是远小于最大载荷。因此用于绳索的 PE 单丝需经高倍牵伸，以减少 PE 绳索的蠕变。PE 绳索的技术特性见“Fibre ropes - Polyethylene - 3- and 4-strand ropes”（ISO 1969：2004）和 GB/T 18674—2018 等相关标准（如表 2-7）。蠕变问题在一些大型渔业设施的设计开发上已经逐

图 2-13 聚乙烯绳索

表 2–7　3 股和 4 股聚乙烯渔用绳索物理性能

公称直径[a]（mm）	线密度		最低断裂强力[b、c、d]（kN）					
	名义（ktex）	偏差（%）	3 股绳索			4 股绳索		
			优等品	一等品	合格品	优等品	一等品	合格品
4	8.02	± 10	1.88	1.85	1.75	—	—	—
4.5	10.1	± 10	2.36	2.32	2.20	—	—	—
5	12.5	± 10	2.89	2.75	2.60	—	—	—
6	18.0	± 10	4.10	3.90	3.70	—	—	—
8	32.1	± 10	7.11	6.75	6.40	—	—	—
9	40.6	± 10	8.91	8.46	8.00	—	—	—
10	50.1	± 8	10.9	10.3	9.80	9.81	9.32	8.83
12	72.1	± 8	15.5	14.7	13.2	14.0	13.3	11.9
14	98.2	± 8	20.9	19.8	17.8	18.8	17.9	16.0
16	128	± 5	27.0	25.6	23.0	24.3	23.0	20.6
18	162	± 5	33.8	32.0	28.7	30.4	28.8	25.8
20	200	± 5	41.3	39.2	35.1	37.2	35.3	31.6
22	242	± 5	49.8	47.3	42.3	44.8	42.5	38.0
24	289	± 5	58.8	55.8	50.0	52.9	50.2	45.0
26	339	± 5	68.4	65.0	58.1	61.6	58.5	52.4
28	393	± 5	79.2	75.2	67.3	71.3	67.7	60.6
30	451	± 5	90.3	85.8	76.8	81.3	77.2	69.1
32	513	± 5	102	97.0	86.7	91.8	87.2	78.0
36	649	± 5	128	122	109	115	109	97.8
40	802	± 5	157	150	133	141	134	120
44	970	± 5	188	178	160	169	160	144
48	1 150	± 5	222	210	189	200	190	170
52	1 350	± 5	259	245	220	233	221	198
56	1 570	± 5	299	284	254	269	255	229
60	1 800	± 5	341	324	290	307	290	261
64	2 050	± 5	386	366	328	347	330	295
72	2 600	± 5	484	460	411	436	414	371

注：a. 公称直径是使用毫米表示的近似直径；

b. 本表中的断裂强力是干态新制绳索的指标，湿态下的该指标将会低一些；

c. 当绳索的断裂位置在包括插接眼环的插接区域内时，其最低断裂强力指标应减少 10%；

d. 按 GB/T 8834—2016 规定的测试方法测定的强力并非绳索在其他环境和条件下的准确强力值；绳索破坏时加载速率的类型和种类、在加载之前的条件和受力情况将明显影响断裂强力；绳索在柱、绞盘及滑轮处弯曲后，或许会在明显低的力值下断裂；绳索上的结或其他变形均能明显降低断裂强力。

渐受到人们的关注。PE 绳在网具中使用普遍，在深远海网箱中也被用作锚绳或其他纲绳；诚然，深远海网箱受到水流和波浪推动更为剧烈，作为深远海网箱定位的锚绳反复受到加载，这种工况对于 PE 锚绳易引发材料疲劳问题，因此，在锚绳设计时应考虑应对疲劳问题。

3. 聚酰胺绳索材料

聚酰胺绳索材料目前已在网纲等水产领域应用。聚酰胺绳索可在小型深远海养殖装备设施的网纲上应用，但不建议在养殖水体大于 1 万 m^3 的大型深远海养殖装备设施的网纲上应用，它属于深远海养殖用普通网纲材料。在渔业领域，聚酰胺绳索用量较多。聚酰胺绳索（亦称尼龙绳索、PA 绳索、锦纶绳索）由聚酰胺纤维制成。聚酰胺纤维俗称尼龙（Nylon），在中国用作纤维时称为锦纶（图 2–14）。根据国际通行标准，聚酰胺纤维通常可以缩写为 PA，其品种包括锦纶 6 、锦纶 66 等。聚酰胺是合成纤维发展史上首先工业化的品种，聚酰胺的发明和发展推动了整个高分子科学和高分子工程的发展，具有划时代的意义。1931 年，美国杜邦公司首次发明了 PA66，并于 1939 年开始工业化生产。由于 PA6 的生产技术较易掌握，流程较短，生产成本较 PA66 低，因此，近年来 PA6 的发展速度超过 PA66，并在渔业等领域应用较广。PA 具有强度高和耐磨性好、弹性高和耐光性差等特点。在国外，目前渔用 PA 品种除 PA6 和 PA66 外，还有少量的芳香族聚酰胺纤维。制绳用 PA 形态有复丝、单丝两种，且 PA 复丝最为普遍，PA 复丝的粗度为 0.66~2.22 tex。用很细的 0.66 tex 纤维制成的绳索较软，有较好的可绕性。用 2.22 tex 粗纤维制成的绳索则较硬。一根绳索中纤维数量随着每根纤维的粗度变化而变化。由 PA 单丝制成的绳索，其单丝直径为 0.10~5.00 mm 或更粗些；这些单丝通常是圆形横截面，细的单丝可作为一根单纱，而粗的单丝可直接作为绳纱加捻成股；由 PA 单丝制成的 8 股编绳可用于金枪鱼延绳钓，作为主干绳索使用等。PA 绳索的技术特性见“Fibre ropes – Polyamide – 3–，4–，8– and 12–strand ropes”（ISO 1140：2021）、GB/T 18674—2018 和《聚酰胺绳》（SC/T 5011—2014）等相关标准（表 2–8）。PA 绳索浸水后增重较多，

图 2–14　聚酰胺绳索

这对养殖设施的操作（如换网）和普及率等有一定的影响。

表 2-8　8 股和 12 股聚酰胺渔用绳索物理性能

公称直径[a]（mm）	线密度		最低断裂强力[b、c、d]（kN）					
	名义（ktex）	偏差（%）	8 股绳索			12 股绳索		
			优等品	一等品	合格品	优等品	一等品	合格品
12	90.0	± 8	30.0	27.8	24.8	31.5	29.0	26.0
16	160	± 5	53.0	49.0	43.5	56.0	52.0	46.0
20	250	± 5	80.0	74.0	66.0	85.0	78.5	70.0
24	360	± 5	112	104	92.5	118	110	97.5
28	490	± 5	150	138	124	160	148	132
30	560	± 5	170	157	140	180	166	148
32	640	± 5	200	185	165	212	196	175
36	810	± 5	250	230	205	265	245	218
40	1 000	± 5	300	278	248	315	290	260
44	1 210	± 5	355	328	292	375	345	310
48	1 440	± 5	425	393	350	450	416	370
52	1 700	± 5	500	462	412	530	490	435
56	1 970	± 5	560	518	462	600	555	495
60	2 260	± 5	630	582	520	670	620	552
64	2 570	± 5	710	656	585	750	694	618
72	3 250	± 5	900	832	742	950	878	784

注：a. 公称直径是使用毫米表示的近似直径；

b. 本表中的断裂强力是干态新制绳索的指标，湿态下的该指标将会低一些；

c. 当绳索的断裂位置在包括插接眼环的插接区域内时，其最低断裂强力指标应减少 10%；

d. 按 GB/T 8834—2016 规定的测试方法测定的强力并非绳索在其他环境和条件下的准确强力值；绳索破坏时加载速率的类型和种类、在加载之前的条件和受力情况将明显影响断裂强力；绳索在柱、绞盘及滑轮处弯曲后，或许会在明显低的力值下断裂；绳索上的结或其他变形均能明显降低断裂强力。

4. 聚酯绳索材料

聚酯绳索材料目前已在锚缆、网纲等领域应用，它可在各类水产养殖设施的锚缆以及小型深远海养殖装备设施的网纲上应用，但不建议在养殖水体大于 1 万 m^3 的大型深远海养殖装备设施的网纲上应用。聚酯绳索属于深远海养殖用普通网纲材料。依据国家标准《纺织品　化学纤维　第 1 部分：属名》（GB/T 4146.1—2020）的规定，由分子链中至少含有 85%（质量分数）的聚对苯二甲酸二醇酯的线型大分子构成的纤维称为聚酯纤维（PET）。PET 是由大分子链节通过酯基相连的成纤高聚物纺制而成的纤维。1941 年 Whinfield 和 Dickson 用对苯二甲酸二甲酯（DMT）和乙二醇（EG）合成了聚对苯二甲酸乙二酯（PET），1949 年率先在英国实现工业化生产；1953 年，美国杜邦公司首先建厂生产聚酯纤维。由于 PET 性能优良，目前它已成为合成纤维中产量最高的品种。PET 具有密度较大、强度较高、弹性较好、耐热性良好、耐光性能良好、吸湿性差和染色性差等特点。根据 PET 的缺点，人们已研制出改性 PET，如亲水性 PET、易染色 PET，预计改性 PET 的应用将成为渔业装备与工程的研究热点之一。近年来，科技人员开展了半刚性聚酯单丝的研发，并成功应用于半刚性 PET 六角网（有些企业称为龟甲网等）的加工制作。半刚性 PET 六角网目前已在防护网、养殖网箱和养殖围栏等领域应用，引领了我国网衣产品的技术升级，其产品的应用前景非常广阔。PET 绳索用纤维一般为复丝形态。PET 复丝与 PA 复丝很相似，但两者在性能上有所区别，PET 复丝的断裂强力比 PA 复丝略低，伸长率比 PA 复丝小，一般 PET 复丝粗度约 0.6 tex，甚至比 PA 复丝更细。在渔业中，PET 可用来制造绳索、养殖网箱网衣、捕捞围网与养殖围栏网衣等；在海工等其他领域，PET 可用来制造系泊绳缆吊带等。聚酯绳索由聚酯纤维制成（图 2–15）。PET 绳索的技术特性见“Fibre ropes – Polyester – 3–，4–，8– and 12–strand ropes”（ISO 1141：2021）和《纤维绳索　聚酯　3 股、4 股、8 股和 12 股绳索》（GB/T 11787—2017）等相关标准。

图 2–15　聚酯绳索

聚酯绳索等 3 股捻绳线密度与直径之间的关系参见图 1–2；聚酯绳索等几种绳索在水中质量与空气中质量的百分比如表 2–9 所示。某规格深远海网箱装备设施材料如表 2–10 所示；3 股和 4 股聚酯渔用绳索物理性能如表 2–11 所示。

表 2–9　绳索在水中质量与空气中质量的百分比（%）

绳索基体材料	淡水	海水
钢丝	87.3	86.9
PET	27.3	25.4
PA	12.3	9.7
PP	91.3	88

表 2–10　某规格深远海网箱装备设施材料

装备设施材料	规格	备注
圆形深远海网箱	ϕ12 m×6 mm	SD 钢制
菱形网目金属网衣	ϕ4.0 mm×50 mm（侧网网目纵向设置）	镀锌铁线制
浮子	ϕ630 mm×900 mm（浮力 180 kg）	发泡材料
中间浮子	A200，ϕ28.6 mm×6 mm（浮力 180 kg）	发泡材料
侧拉绳索	PE–A48　GB/T 18674—2018	PE 绳索
锚绳索	PE–A48　GB/T 18674—2018	PE 绳索
拐角绳索	PE–A48　GB/T 18674—2018	PE 绳索
锚	1 600 mm×1 600 mm×1 200 mm	混凝土方块

表 2–11　3 股和 4 股聚酯渔用绳索物理性能

公称直径[a]（mm）	线密度		最低断裂强力[b、c、d]（kN）					
			3 股绳索			4 股绳索		
	名义（ktex）	偏差（%）	优等品	一等品	合格品	优等品	一等品	合格品
4	12.1	± 10	2.80	2.65	2.38	—	—	—
4.5	15.3	± 10	3.51	3.35	3.00	—	—	—
5	19.0	± 10	4.25	4.05	3.60	—	—	—
6	27.3	± 10	6.00	5.70	5.10	5.60	5.32	4.76
8	48.5	± 8	10.6	10.0	9.00	9.50	9.02	8.08
9	61.4	± 8	13.2	12.5	11.2	12.2	11.6	10.4
10	75.8	± 8	16.0	15.2	13.6	15.0	14.2	12.8

续表

公称直径[a]（mm）	线密度		最低断裂强力[b、c、d]（kN）					
	名义（ktex）	偏差（%）	3 股绳索			4 股绳索		
			优等品	一等品	合格品	优等品	一等品	合格品
12	109	± 5	22.4	21.2	19.0	21.2	20.0	18.0
14	149	± 5	30.0	28.5	25.5	28.0	26.6	23.8
16	194	± 5	40.0	38.0	34.0	35.5	33.8	30.2
18	246	± 5	50.0	47.5	42.5	45.0	42.8	38.2
20	303	± 5	60.0	57.0	51.0	56.0	53.2	47.6
22	367	± 5	71.0	67.5	60.4	67.0	63.6	57.0
24	437	± 5	85.0	80.8	72.2	80.0	76.0	68.0
26	512	± 5	100	95.0	85.0	90.0	85.5	76.5
28	594	± 5	118	112	100	106	100	90.0
30	682	± 5	132	125	112	118	112	100
32	776	± 5	150	142	128	132	125	112
36	982	± 5	190	180	162	170	162	145
40	1 210	± 5	236	224	200	212	202	180
44	1 470	± 5	280	266	238	250	238	212
48	1 750	± 5	335	318	285	300	285	255
52	2 050	± 5	375	356	318	335	318	285
56	2 380	± 5	425	404	360	400	380	340
60	2 730	± 5	500	475	425	450	428	382
64	3 100	± 5	560	532	476	500	475	425
72	3 930	± 5	710	675	604	630	568	535

注：a. 公称直径是使用毫米表示的近似直径；

b. 本表中的断裂强力是干态新制绳索的指标，湿态下的该指标将会低一些；

c. 当绳索的断裂位置在包括插接眼环的插接区域内时，其最低断裂强力指标应减少 10%；

d. 按 GB/T 8834—2016 规定的测试方法测定的强力并非绳索在其他环境和条件下的准确强力值；绳索破坏时加载速率的类型和种类、在加载之前的条件和受力情况将明显影响断裂强力；绳索在柱、绞盘及滑轮处弯曲后，或许会在明显低的力值下断裂；绳索上的结或其他变形均能明显降低断裂强力。

三、钢丝绳及其他绳索材料

1. 钢丝绳材料

钢丝绳材料目前已作为曳纲、张网纲、张紧绳等纲索在水产上应用，但在深远海养殖业用量较少（目前主要用于张紧绳等）。为便于读者了解钢丝绳材料，现将相关内容简述如下。

由多层钢丝捻成股，再以绳芯为中心，由一定数量股捻绕成螺旋状的绳索称为钢丝绳。钢丝绳种类繁多，分类复杂。钢丝绳分类采用《钢丝绳　术语、标记和分类》（GB/T 8706—2006）或“Steel wire rope - Definitions，designations and classifications”（ISO 17893：2004）标准。钢丝绳主要分为单层钢丝绳、阻旋转钢丝绳、平行捻密实钢丝绳、缆式钢丝绳、扁钢丝绳、单股钢丝绳和密封钢丝绳等。单层钢丝绳应按表 2-12 所给体系进行分类（参见 GB/T 8706—2006 第 4 章）。关于阻旋转钢丝绳、平行捻密实钢丝绳、缆式钢丝绳、扁钢丝绳、单股钢丝绳和密封钢丝绳的分类，读者可参考 GB/T 8706—2006 标准或相关文献资料。钢丝绳的强度高、自重轻、工作平稳、不易骤然整根折断，工作可靠（见图 2-16）。根据钢丝绳柔软程度，钢丝绳主要分为硬钢丝绳（整根绳全部由钢丝组成的钢丝绳）、半硬钢丝绳（在钢丝绳中夹一根油麻芯制成的钢丝绳）和软钢丝绳（在 6 股钢丝绳中夹一根油麻芯，每股中间也夹一根油麻芯制成的钢丝绳）等。除硬钢丝绳外，半硬钢丝绳和软钢丝绳均由钢丝和绳芯组成。钢丝绳的性能主要由钢丝决定；钢丝是碳素钢或合金钢通过冷拉或冷轧而成的圆形（或异形）丝材，具有很高的强度和韧性，并根据钢丝绳使用环境条件不同对钢丝进行表面处理（如镀锌处理等）。在钢丝绳中，硬钢丝绳最坚硬，强度也最大，但使用不方便；在渔业上一般作为静索使用。半硬钢丝绳一般为 6 股，制绳用钢丝较细且钢丝根数较多，同时油麻芯含有焦油可以防锈；半硬钢丝绳中油麻芯在使用受力时能起到缓冲和减少内摩擦的作用，有利于绳索保养，使用也较方便；半硬钢丝绳通常作为静索和动索（如曳纲、吊纲）使用。软钢丝绳在钢丝绳中强度最小，但重量较轻且柔软，使用比较方便；它一般作为动索使用。软钢丝绳的主要优点是具有较大的强力和较高的耐久性；其缺点为弹性小，不耐受冲击载荷，质硬，承受不了急剧的弯曲和扭结，在操作中握持困难，易从手中滑出；有时绳索表面有破断的钢丝头露出，易发生刺伤手的现象。渔业上使用的钢丝绳一般用镀锌钢丝或光面钢丝制作，钢丝直径为 0.20~0.80 mm。

钢丝绳的种类及结构不同，其生产工艺也存在着一定的差异，现以面接触钢丝绳为例，将其工艺流程作简要介绍。面接触钢丝绳生产工艺流程如下：

表 2–12 单层钢丝绳

类别（不含绳芯）	钢丝绳			外层股			
	股数	外层股数	股的层数	钢丝数	外层钢丝数	钢丝层数	股捻制类型
3×7	3	3	1	5~9	4~8	1	单捻
3×19	3	3	1	15~26	7~12	2~3	平行捻
3×36	3	3	1	27~49	12~18	3	平行捻
3×19M	3	3	1	12~19	9~12	2	多工序点接触
3×37M	3	3	1	27~37	16~18	3	多工序点接触
3×35N	3	3	1	28~48	12~18	3	多工序复合捻
4×7	4	4	1	5~9	4~8	11	单捻
4×9	4	4	1	15~26	7~12	2~3	平行捻
4×36	4	4	1	29~57	12~18	3~4	平行捻
4×19M	4	4	1	12~19	9~12	2	多工序点接触
4×37M	4	4	1	27~37	16~18	3	多工序点接触
4×35N	4	4	1	28~48	12~18	3	多工序复合捻
6×6	6	6	1	6	6	1	单捻
6×7	6	6	1	5~9	4~8	1	单捻
6×12	6	6	1	12	12	1	单捻
6×19	6	6	1	15~26	7~12	2~3	平行捻
6×36	6	6	1	29~57	12~18	2~3	平行捻
6×61	6	6	1	61~85	18~24	3~4	平行捻
6×19M	6	6	1	12~19	9~12	2	多工序点接触
6×24M	6	6	1	24	12~16	2	多工序点接触
6×37M	6	6	1	27~37	16~18	3	多工序点接触
6×61M	6	6	1	45~61	18~24	4	多工序点接触
6×35N	6	6	1	28~48	12~18	3	多工序复合捻
6×61N	6	6	1	47~61	20~24	3~4	多工序复合捻
6×91N	6	6	1	85~109	24~36	4~6	多工序复合捻
7×19	7	7	1	15~26	7~12	2~3	平行捻
7×36	7	7	1	29~57	12~18	3~4	平行捻
8×7	8	8	1	5~9	4~8	1	单捻
8×19	8	8	1	15~26	7~12	2~3	平行捻
8×36	8	8	1	29~57	12~18	3~4	平行捻

续表

类别（不含绳芯）	钢丝绳			外层股			
	股数	外层股数	股的层数	钢丝数	外层钢丝数	钢丝层数	股捻制类型
8×61	8	8	1	61~85	18~24	3~4	平行捻
8×35N	8	8	1	28~48	12~18	3	多工序复合捻
8×61N	8	8	1	47~81	20~24	3~4	多工序复合捻
8×91N	8	8	1	85~109	24~36	4~6	多工序复合捻
麻纲混捻钢丝绳							
4×6	4	4	1	6	6	1	单捻
6×6	6	6	1	6	6	1	单捻
6×12	6	6	1	12	12	1	单捻
6×24	6	6	1	24	12~15	2	多工序交互捻
三角股钢丝绳							
6×V8	6	6	1	8~9	7~8	1	单捻
6×V25	6	6	1	15~31	9~18	2	多工序点接触

注：1. 对于三角股，当用单独捻制的股如 1-6 或 3F+3×2 等代替钢丝股芯时（F 为纤维简称），该股可记为一根钢丝。

2. 6×29F 结构钢丝绳既可归为 6×19 类，也可归为 6×36 类。

3. 3 股或 4 股钢丝绳也可设计和制造成阻旋转的。

4. M表示股捻制类型为点接触；N表示股捻制类型为复合捻；V表示三角股钢丝绳的外层股。

绳芯—烘干—浸油
——合绳—检验—包装—入库
原料钢丝—捻股拉制

图 2-16 钢丝绳及生产流程

在钢丝绳制造过程中，制绳工艺与操作技术对绳索的性能有着密切的影响，钢丝绳加工工艺与操作技术内容请参见相关文献资料，这里不做详细介绍。钢丝绳是由钢丝捻制成绳股，再由若干根绳股（大多为 6 股）捻制而成。钢丝绳的结构形式有：单捻式（由一束钢丝经过一次捻合而成的结构形式；单捻式钢丝绳具有较大的强力，但其性质很硬，适用于曳行和悬挂，而不能通过滑轮或在滚筒上使用）、两重捻式［由若干根钢丝先捻制成股，再以若干股（大多为 6 股）以相反方向捻制成的结构形式］和三重捻式（将钢丝经三次捻合而成的钢丝绳；三重捻式钢丝绳加工方法是先将钢丝捻成小股，再将若干小股捻成绳股，最后将若干根绳股捻制成钢丝绳；三重捻式钢丝绳粗硬而笨重，强力最大，可承受较大的载荷）。渔业上大多采用 6 股两重捻结构的钢丝绳，带有绳芯，并以普通捻索最为常用。一般用途钢丝绳技术特性见《一般用途钢丝绳》（GB/T 20118—2006）、《一般用途钢丝绳吊索特性和技术条件》（GB/T 16762—1997）。重要用途钢丝绳技术特性参见《重要用途钢丝绳》（GB 8918—2006）［该标准非等效采用 "Steel wire ropes – Requirements"（ISO 2408：2017）］，钢丝绳通用技术条件参见《钢丝绳通用技术条件》（GB/T 20118—2017）。在实际生产、贸易或技术交流等领域，要根据实际情况选用合适的钢丝绳标准。在深远海养殖网箱等装备中使用钢丝绳，主要是利用其伸长率很小的特性。

2. 智能绳索材料

智能绳索材料目前在水产领域尚处于研发或试验阶段，尚未实现产业化应用，它属于深远海养殖用高性能网纲材料。智能绳索是指在绳索中安装传感器等装备，可以记录绳索的使用情况和绳索状态，使绳索的使用者及时了解绳索的性能指标变化，做出相应预判，这为绳索使用者提供巨大便利（图 2–17）。在图 2–17 所示的智能绳索中搭载绳索追踪系统，为每款产品内部植入射频识别（RFID）芯片，标记唯一的身份识别号码，配置科学管理与检测软件，可以详细追踪产品的使用情况，建立户口档案，记录工作状况，规划定期保养。在登山、溯溪等户外运动的专用绳索中安装定位芯片，可以使智能绳索使用者及时发布位置信息，方便外部人员及时、准确地进行定位，在搜索救援、野外勘探等活动中有很重要的应用；在深远海

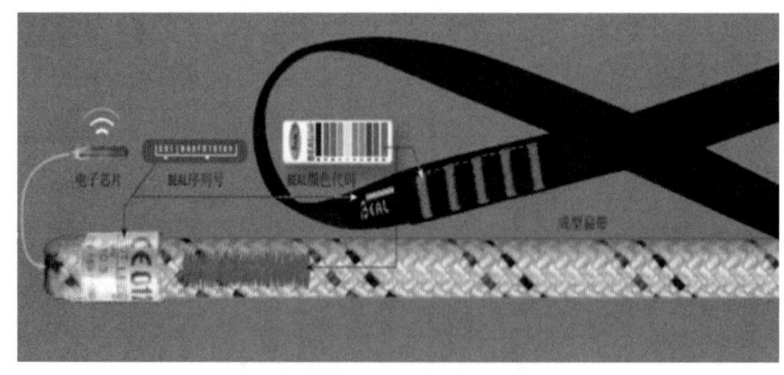

图 2–17　一种智能绳索

（半）潜式网箱等升降式网箱中安装智能绳索，可以使网箱用户及时发布位置信息，方便网箱用户及时、准确地进行定位，实现网箱升降的智能监控。

为加工智能合成纤维线绳，人们将通信线路（如光纤、电信线等）置于编织线绳的线绳芯内（图 2-18）。首先，智能化纤维线绳包括线绳芯和外包覆层，线绳芯由内芯线绳股和通信线路（如光纤、电信等）编织形成，起到固定通信线路的作用；其次，外包覆层内的外包线绳股选用聚酯纤维、聚酰胺纤维、超高分子量聚乙烯纤维等合成纤维中的一种制作而成，具有良好的耐磨性能，达到了保护通信线路的效果。

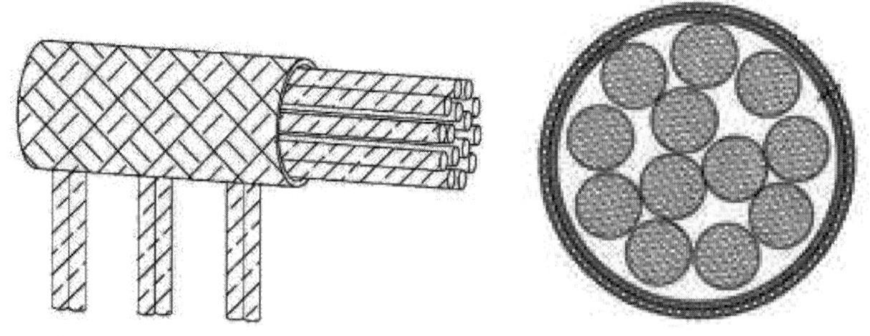

图 2-18　智能合成纤维线绳

如果以上述智能合成纤维线绳编织网衣，并与其他备件组合应用，则可以开发出具有网衣破损报警功能的深水网箱（如图 2-19 所示，主要有网架、装在网架周围由数片网片围成的网衣，网架配重块，由信号发射器和信号接收器组成的具有网衣破损报警功能的监测系统，并在网片的网线中加入带绝缘保护层的金属导线；金属导线的走向与常规网片编织方法相同，沿网衣纵向编织方向排列的金属导线的一侧按网片分区并联在一起并用胶封住，其两端 a、b 处分别接在信号发射器的一端，

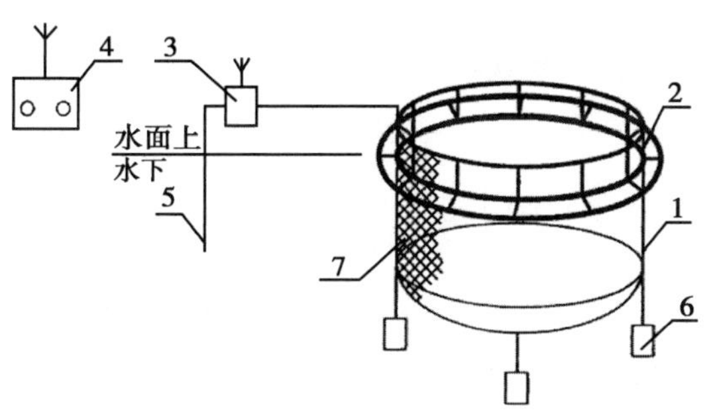

（a）1. 网衣；2. 网架；3. 信号发射器；4. 信号接收器；5. 电极；6. 网架配重块；7. 网片

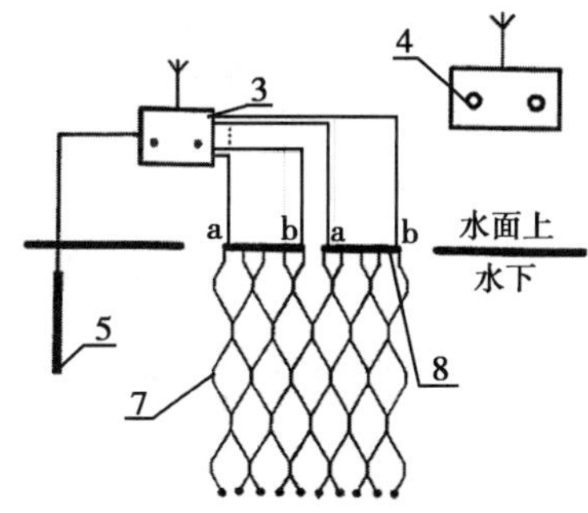

（b）a. 沉浮式网箱；b. 浮式网箱；3. 信号发射器；4. 信号接收器；5. 电极；7. 网片；8. 水面

图 2-19　具有网衣破损报警功能的深水网箱

其另一侧的各根金属导线用胶封住，在信号发射器上还接有插入水下的电极。它以海水为导体，网不破时电路不导通，网破时电流通过海水经电极导通成回路，信号发射器便发出相应部位的编码信号，信号接收器收到编码信号，经解码显示出相应部位的网衣破损或线路故障位置，并发出报警信号）。

3. 海工缆及其他绳索材料

除钢丝绳和智能绳索等绳索材料外，国内外还开发了海工缆（亦称海工专用缆绳或海洋工程用纤维绳索等）、共混改性 PP/PE 单丝绳索、高强度聚乙烯（HSPE）单丝绳索和石墨烯复合改性绳索等其他绳索材料，它们属于深远海养殖用高性能网纲材料。海工缆目前已在系泊等领域应用，特殊结构及材料的海工缆可在深远海养殖装备设施中的网纲上应用。共混改性 PP/PE 单丝绳索、高强度聚乙烯单丝绳索和石墨烯复合改性绳索等网纲材料尚未应用于深远海养殖用网纲。海工缆用于深海平台的固定和系泊，使用工况特殊，因此，需要针对具体使用工况进行设计和生产。海工缆通常采用多层包覆的特殊工艺制作，它一般包含内芯、防沙层和外层保护层三个部分，在结构上属于三层复合结构（图 2–20）。

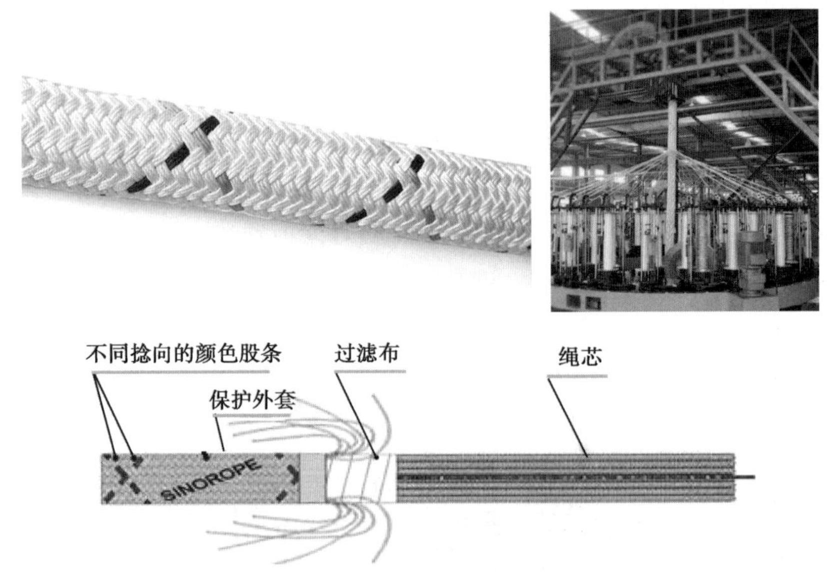

图 2–20 一种海工缆及其生产编织机

近年来，随着我国大型深远海养殖网箱（如“深蓝 1 号”全潜式深海智能渔业养殖装备）的发展，网箱系泊用绳已拓展到海工领域用绳索。海工缆包括海工平台高模量聚乙烯（HMPE）纤维绳、深海系泊缆（见图 2–21 和图 2–22）等。针对深海系泊聚酯缆绳，我国已制定团体标准，该标准的制定标志着我国的深海系泊聚酯缆绳技术已走在国际前沿。随着海洋油气、矿产资源和深远海养殖平台等工程的蓬勃发展，对绳缆的要求进一步提高。因自重和锈蚀、保养等问题以及自身性能所限，钢丝绳及传统合成纤维绳索已不能满足海洋工程重型化与深海化的要求，迫切需要具有高性能、可满足特种要求的 HMPE 纤维绳缆来弥补其不足。随着海上浮动式核电站平台、深海可燃冰平台、油气开采加工平台船等能源矿产开发平台的投用和为满足深海探测、国防军工、潮汐发电、大桥防护、深远海养殖、远洋渔业等需求，海洋工程用 HMPE 纤维绳索逐渐作为系泊缆、拖缆、脐带缆、吊装缆、智慧缆等在海工、国防、交通与渔业等领域中应用，其所具有的经济效益和社会效益不可估量并对相关领域产生重要影响。

图 2-21　海工缆绳

图 2-22　船用深海系泊缆

中国是 HMPE 纤维的最大生产国，也是国际上 HMPE 纤维绳产品的最大生产国和出口国。海工平台 HMPE 纤维绳的技术特性见农业农村部绳索网具产品质量监督检验测试中心等单位起草的国家标准《海洋平台定位系泊纤维绳 高模量聚乙烯（HMPE）》（GB/T 36948—2018）标准。随着深远海养殖的发展，大型平台、养殖工船、大型深远海智能网箱等不断出现，海工平台HMPE纤维绳将会得到更多的应用。在深远海养殖领域，大型养殖装备设施锚泊时，人们会根据养殖海况及装备锚泊需要等因素优选合成纤维绳缆或复合缆（聚酯系泊缆 + 锚链）等系泊缆（图2–23），以确保深远海养殖设施锚泊安全。

图2–23 形式多样的深远海养殖用系泊缆

第二节 网纲工艺设计及生产工艺

网纲工艺设计及生产工艺是网纲材料的核心关键技术，这源于理论技术与实践经验总结。因设备、习惯、人员、材料、环境等因素不同，不同企业间的网纲工艺都存在一定的差异。网纲是一种装配在网具上的绳索，因此，其工艺设计及生产工艺可参考绳索。

一、网纲工艺设计

网纲按编织结构分类，主要分为捻绳（捻制结构网纲）和编织绳（编织结构网纲）。

1. 捻绳工艺设计

捻制结构网纲——捻绳生产加工前需要进行捻绳长度、捻绳机班产量、每卷捻绳重量、捻绳机转速、捻距和捻绳机捻度齿轮工艺设计，以确保捻绳产品满足客户、标准、生产或贸易合同等相关要求。

（1）捻绳长度

捻制结构网纲产品——捻绳产品一般卷绕成空心圆柱体，特殊情况下，捻绳产品有时卷绕在轴、筒或盘等部件上（图 2-24）。捻绳盘绕外形尺寸一般要求绳卷直径与绳卷高度的比例为 3∶2，这不但确保绳卷捻绳产品外形美观，而且便于多卷捻绳产品堆放运输。根据绳卷的外圆直径、捻绳直径等参数，可方便地设计出捻绳长度 L_{ss}，参见公式（2-1）

$$L_{ss}=\frac{2D_{wy}}{3\,000d^2}\times(D_{wy}^2-D_{kxy}^2)\times k_{xz} \tag{2-1}$$

式中：L_{ss}——捻绳长度（m）;

d——捻绳直径（mm）;

D_{wy}——绳卷的外圆直径（mm）;

D_{kxy}——绳卷的空心孔圆直径（mm）;

k_{xz}——绳卷中捻绳交叉重叠经验修正系数（取值区间一般为 0.3~0.8）。

图 2-24　不同包装形式的捻绳

（2）捻绳机班产量

捻绳可以用 3 股绳机、4 股绳机等设备加工生产（见图 2-25）。根据捻绳机转速、捻绳捻距、捻绳单位长度重量、生产时间和生产效率等参数，我们可以设计或估算捻绳机班产 G_{sszl}，参见公式（2-2）

$$G_{sszl}=\frac{n_1\times h\times G_{ssdwcdzl}\times t_{mbscsj}}{1\,000}\times\eta_{ssscxl} \tag{2-2}$$

式中：G_{sszl}——捻绳机班产量（kg/ 班）;

n_1——捻绳机转速（rap/min）;

h——捻距（mm）;

$G_{ssdwcdzl}$——捻绳单位长度重量（kg/m）;

t_{mbscsj}——每班捻绳生产时间（min）;

η_{ssscxl}——捻绳生产效率（%）。

图 2–25　捻绳的生产加工

（3）每卷捻绳重量

捻绳产品重量既可根据绳纱线密度进行设计，又可根据实践经验系数进行设计。根据绳纱长度、绳股用纱根数、绳纱线密度等基本参数，我们可以设计或估算每卷捻绳重量 G_{mjss}，参见公式（2–3）

$$G_{mjss} = n \times \frac{L_{ss}}{1\,000 \times \cos\beta \times \cos\alpha} \times n_{ss} \times \rho_{ss} \qquad (2\text{–}3)$$

式中：G_{mjss}——每卷捻绳重量（kgf）；

n——捻绳的股数；

L_{ss}——捻绳长度（m）；

n_{ss}——绳股用纱根数；

α_{ssnj}——捻绳捻角（°）；

ρ_{ss}——绳纱线密度（g/m）；

β——绳股中心线与绳股中绳纱排列方向的夹角（°）。

根据经验系数，我们也可以设计或估算每卷捻绳重量 G_{ss}，参见公式（2–4）

$$G_{ss}=L_{ss}\times d^2\times k_{zlxs}^2 \qquad (2\text{–}4)$$

式中：G_{ss}——每卷捻绳重量（kgf）；

L_{ss}——捻绳长度（m）；

d——捻绳直径（mm）；

k_{zlxs}——捻绳重量系数。

上述公式（2–4）中的捻绳重量系数（k_{zlxs}）与捻系大小有关，绳网企业或读者可综合相关文献资料或生产实践经验等进行选择（如 ××× 绳网有限公司用 3 股 PE 捻绳、3 股 PP 捻绳、3 股 PA 捻绳一般取系数 0.000 500、0.000 453 和 0.000 619）。

（4）捻绳机转速

因为捻绳机的机架回转一圈，捻绳一般加一个捻，所以，可按机架单位时间内回转圈数作为捻绳机转速。对二次捻联合制绳机而言，尽管其机架回转一圈加两个捻，但仍按机架单位时间回转圈数作为该型捻绳机转速。捻绳机转速可按公式（2–5）进行设计

$$n_1 = \frac{n_0 \times \phi_1 \times Z_1}{\phi_2 \times Z_2} \tag{2–5}$$

式中：n_1——捻绳机转速（rap/min）；

n_0——电动机转速（rap/min）；

ϕ_1——电动机皮带盘直径（mm）；

ϕ_2——地轴皮带盘直径（mm）；

Z_1——地轴齿轮齿数；

Z_2——捻绳机主轴齿轮齿数。

读者根据公式（2–5），可方便设计出捻绳机转速。

（5）捻距

捻距既为捻绳机的机架回转一圈与捻绳机绳索牵引轮转过一个有效长度之比，又为绳股一个捻回的升距长度（图 2–26 和图 1–3）。捻距符号一般用 h 表示，单位为毫米。

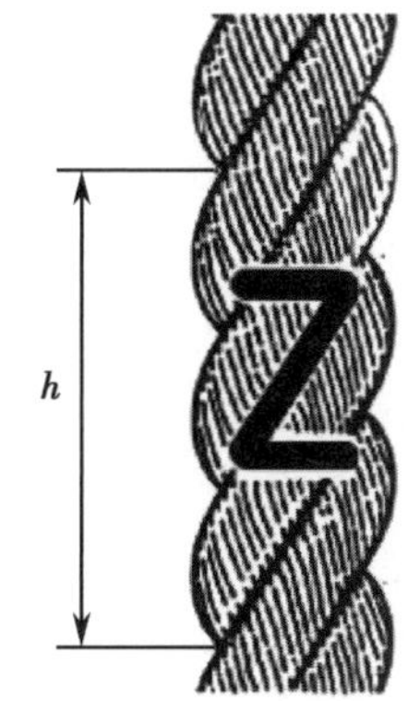

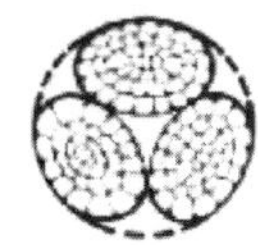

图 2–26　Z 捻或右捻

综合第一章中的公式（1–4）和公式（1–5），捻距可按公式（2–6）进行理论设计

$$h = \frac{S_{yx}}{n_2} = \alpha_{mss} d = \frac{L}{\gamma} = \frac{1\,000 \times n}{x} = \frac{\pi d}{\tan \beta} \tag{2–6}$$

式中：h——捻距（mm）；

α_{mss}——捻系数；

β——捻回角（°）；

n——捻绳的股数；

d——捻绳直径（mm）；

x——1 m 长度内股的个数；

n_2——捻绳机转速（rap/min）；

γ——L 长度内完整捻回的个数；

L——γ 个完整捻回的长度（mm）；

S_{yx}——捻绳机绳索牵引轮每分钟转动有效长度（mm/min）。

捻距需结合捻绳理论知识与生产实践经验进行初步设计，再经小规模试生产后进行优化调整，以此生产出符合质量要求的产品。

（6）捻绳机捻度齿轮

因为捻绳机绳索牵引轮上开有“V”形绳槽，所以，绳索牵引轮的有效周长既不能以绳索牵引轮的表面直径设计，又不能以绳索牵引轮的槽底直径设计。绳索牵引轮的有效周长要在槽底直径基础上，根据捻绳直径大小、捻绳与槽底间距变化来进行精准设计。捻绳机绳索牵引轮每分钟转动有效长度可按公式（2–7）进行设计

$$L_{yx}=(\phi_3+d_{sg}+2\lambda)\times\pi \tag{2–7}$$

式中：L_{yx}——捻绳机绳索牵引轮每分钟转动有效长度（mm）；

d_{sg}——绳股直径（mm）；

ϕ_3——绳股牵引轮沟槽槽底直径（mm）；

λ——绳股和绳股牵引轮沟槽槽底的间隙（mm）。

由公式（2–6）和公式（2–7）可获得以下公式（2–8）

$$n_2=\frac{L_{yx}}{h}=\frac{(\phi_3+d_{sg}+2\lambda)\times\pi}{h} \tag{2–8}$$

式中：n_2——捻绳机转速（rap/min）；

h——捻距（mm）；

d_{sg}——绳股直径（mm）；

ϕ_3——绳股牵引轮沟槽槽底直径（mm）；

λ——绳股和绳股牵引轮沟槽槽底的间隙（mm）；

L_{yx}——捻绳机绳索牵引轮每分钟转动有效长度（mm）。

将公式（2–5）和公式（2–7）代入捻度齿轮计算公式，捻度齿轮可按公式（2–9）进行设计

$$Z_5=\frac{Z_4\times Z_6\times Z_8\times Z_{10}\times Z_{12}\times Z_{14}}{Z_3\times Z_7\times Z_9\times Z_{11}\times Z_{13}\times n_2}=\frac{Z_4\times Z_6\times Z_8\times Z_{10}\times Z_{12}\times Z_{14}\times d\times\alpha_{mss}}{Z_3\times Z_7\times Z_9\times Z_{11}\times Z_{13}\times(\phi_3+d_{sg}+2h)\times\pi} \tag{2–9}$$

式中：Z_5——捻绳机捻度齿轮齿数；

α_{mss}——捻系数；

h——捻距（mm）；

d——捻绳直径（mm）；

d_{sg}——绳股直径（mm）；

n_2——捻绳机转速（rap/min）；

ϕ_3——绳股牵引轮沟槽槽底直径（mm）；

Z_3——车头齿轮齿数；

Z_4——传动被动齿轮齿数；

Z_6——捻度齿轮齿数；

Z_7、Z_8——转向伞齿轮齿数；

Z_{14}——绳索牵引轮齿数；

Z_9、Z_{10}、Z_{11}、Z_{12}、Z_{13}——过渡齿轮齿数。

2. 编织绳工艺设计

编织结构网纲——编织绳生产加工前一般需要进行牵引轮速度、主轴速度、锭子转速和花节长度等编绳工艺的设计，以确保产出的编织绳满足客户、标准、生产或贸易合同等要求。此外，在编织绳工艺设计中，还应综合考虑编织绳机锭数与生产效率，以保证编织绳的产品质量。

（1）牵引轮速度

编织绳机牵引轮的转动力从主轴传来。牵引轮的转动速度可按公式（2–10）进行设计

$$n_{qyl} = n_3 \times \frac{T_w \times Z_1 \times T_{g1}}{T_1 \times Z_2 \times T_{g2}} \tag{2–10}$$

式中：n_{qyl}——牵引轮转速（rap/min）；

n_3——主轴速度（rap/min）；

T_w——蜗杆齿数；

T_1——蜗轮齿数；

Z_1——节距调节主动齿轮齿数；

Z_2——节距调节被动齿轮齿数；

T_{g1}——牵引轮主动齿轮齿数；

T_{g2}——牵引轮被动齿轮齿数。

编织绳机牵引轮转动线速度可按公式（2–11）进行设计

$$V_{qyl} = \frac{\pi \times D_q \times n_{qyl}}{1\,000} \tag{2–11}$$

式中：V_{qyl}——牵引轮转动线速度（m/min）；

D_q——牵引轮的轮槽底直径与编织绳直径的和（mm）；

n_{qyl}——牵引轮转速（rap/min）。

（2）主轴速度

编织绳机主轴速度可按公式（2–12）进行设计

$$n_3 = n_0 \times \frac{\phi_0 \times \phi_2 \times T_1}{\phi_1 \times \phi_3 \times T_2} \tag{2-12}$$

式中：n_3——主轴速度（rap/min）；

n_0——电动机的转动速度（rap/min）；

ϕ_0——电动机皮带盘直径（mm）；

ϕ_1——被动皮带盘直径（mm）；

ϕ_2——主动皮带盘直径（mm）；

ϕ_3——主轴皮带盘直径（mm）；

T_1——主动伞齿轮齿数；

T_2——被动伞齿轮齿数。

（3）锭子转速

编织绳机锭子不论如何转圈，都是主动齿轮推动锭子齿轮的结果。锭子跟随锭子齿轮转动，在一个锭子齿轮上转半圈后移到下一个锭子齿轮上，走完 8 个锭子齿轮（相当锭子齿轮转 4 圈）；主动齿轮转 4 圈，编织绳机锭子转一圈。锭子转速可按公式（2–13）进行设计

$$n_{dz} = n_3 \times \frac{T_Z}{4T_D} \tag{2-13}$$

式中：n_{dz}—— 锭子转速（rap/min）；

n_3——主轴速度（rap/min）；

T_Z—— 主动齿轮齿数；

T_D—— 锭子齿轮齿数。

（4）花节长度

编织绳机形成一个花节长度需要编织绳机锭子转一圈（编织绳机牵引轮由此转过的长度距离称为花节长度，见图 2–27）。花节长度可按公式（2–14）进行设计计算

$$L_k = \frac{V_{qyl}}{n_{dz}} \times 1\,000 \tag{2-14}$$

式中：L_k——花节长度（mm）；

V_{qyl}—— 牵引轮的线速度（m/min）；

n_{dz}——锭子转速（rap/min）。

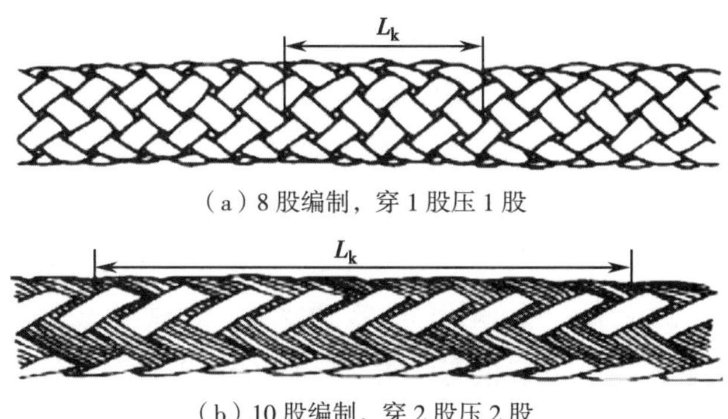

（a）8 股编制，穿 1 股压 1 股

（b）10 股编制，穿 2 股压 2 股

图 2–27　不同类型编织绳的花节长度

3. 合成纤维网纲生产工艺

网纲按加工用基体纤维材料分类，主要分为合成纤维网纲、天然纤维网纲和钢丝绳。目前，渔业上天然纤维网纲应用较少，下面仅就合成纤维网纲生产工艺进行介绍。合成纤维网纲由合成纤维加工而成，纤维的形态、尺寸和种类各异。纤维形态有单丝、复丝、长丝、薄膜（扁丝）、短纤维、变形纱（卷曲纱）、连续长丝、裂膜纤维、双组分纤维等，实际生产中可根据需要选用。深远海养殖用网纲纤维形态主要有单丝、复丝、裂膜纤维和薄膜（扁丝）等。合成纤维网纲生产加工主要采用聚烯烃纤维、聚酰胺纤维和聚酯纤维这三大类合成纤维。聚酰胺纤维和聚酯纤维具有生产设备投资大、生产工艺与环保要求高等特点，所以，目前绳索生产厂家一般不自行生产纤维，而是直接向专业工厂采购。有关合成纤维生产工艺等内容，读者可参考《深远海养殖用纤维材料技术学》等专著，这里不再重复。合成纤维网纲是一种装配在网具上的合成纤维绳索，因此，其生产工艺可参考合成纤维绳索。现将合成纤维绳索的生产工艺介绍如下。

组成绳索的基本单元是绳纱。绳纱生产工艺随着纤维材料及其规格、绳索品种、绳索规格、绳索结构以及绳索质量等因素而发生变化。绳纱生产前要预先进行绳纱工艺设计（见图 2–28）。绳纱的形式有单纱、复捻纱或复合捻纱等。对单丝绳索而言，绳纱粗度可结合绳索规格、绳索结构、喷丝板孔数及生产加工成本等来综合考虑。先挑选符合标准的纤维原料，使其经过并纱、初捻或复捻等几道生产工序，获得满足绳索设计工艺质量指标要求的绳纱。绳纱的捻制过程通常分为并纱、初捻、复捻、再捻和落纱等工序。一般 10 根丝以下的单纱合在一起加捻的过程称之为初捻。经过初捻后的绳纱称为单捻绳纱、初捻绳纱。2 根、3 根或 3 根以上的单捻绳纱合在一起，经反方向加捻捻合的过程称为复捻。经过复捻后的绳纱称为复捻绳纱。细的复捻绳纱也可以称为细绳。3 条复捻绳纱合在一起，再反方向加捻的过程称为再捻。经过再捻后的绳索称为再捻绳纱或称“纱并纱”。纺制绳纱时，如果股内用单纱超过 10 根以上，且绳纱加捻机的插纱架放不下时，先取 2~6 根纱进行适量低捻加捻的过程称为并纱。例如，要生产规格为 32 tex×30×3 的绳索，绳纱加捻机的插纱架上一个位置区域放不下 30 根单纱，只能先用 10 根单纱加捻并成一条类似单捻绳纱的并纱，然后将 3 条并纱放在一起加捻成为一条初捻绳纱，最后将 3 条初捻绳纱放在一起加捻并成一条结构为 32 tex×10×3×3 的复捻绳纱，成为最终规格为 32 tex×30×3 的绳索。根据绳索的粗细要求、软硬要求、产量高低和设备投资多少等，捻制绳纱的生产设备也有多种。初期的绳纱加捻设备为纺车。随着纺织机械设备的发展，人们研发了环锭加捻机、翼锭加捻机、倍捻加捻机、吊锭加捻机等捻纱生产设备。

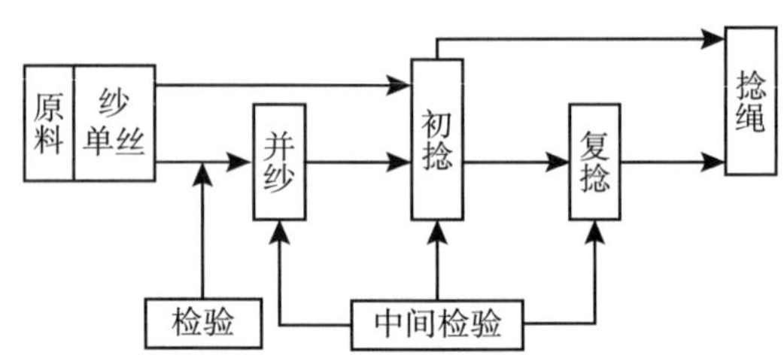

图 2-28 一种捻绳绳纱的生产工艺流程

绳索理论设计和工艺计算与合成纤维绳索的性能关系密切。绳索生产前，人们可以按照预定的目标要求进行绳索理论设计和工艺计算，再按制绳工序组织生产。绳索理论设计包括绳索结构设计、绳索工艺设计、绳索原材料设计等。绳索工艺计算一般包括制绳机捻度变换齿轮的计算、制绳机转速计算、绳索结构参数计算和产量计算等。在整个理论设计和工艺计算过程中要考虑技术经济比、性能价格比等问题。通过绳索理论设计和工艺计算，按照预定的目标要求确定绳纱用丝根数、绳纱粗度、绳纱捻向、绳纱捻度、绳股用纱根数、绳股粗度、绳股根数、绳股捻向、绳股捻度、绳索捻向及绳索捻距等结构参数。制绳生产操作工序通常包括准备工作，调换绳股筒子，绳股接头、生头，调换捻度变换齿轮和规格控制器，张力调节，卸绳与扎绳，包装和入库等。合成纤维捻绳的生产工艺因制绳机的不同而略有区别，现以 3 股 PP 单捻绳为例，将其工艺流程作简要介绍。

采用制股、制绳分离式绳机，加工 3 股 PP 单捻绳的生产工艺流程为：

PP（纤维）—绳纱—绳股—检验—包装—入库；

　　绳股—制绳—检验—包装—入库。

采用主、辅联合绳机加工 3 股 PP 捻绳的生产工艺流程为：

PP（纤维）—绳纱—绳股—制绳—检验—包装—入库。

由上述合成纤维捻绳工艺流程可知，加工捻绳过程中的首道工序是制绳纱，目前制绳纱的工序大致有两种形式，一种是采用纤维捻制绳纱；另一种是采用盘头丝束捻制绳纱。纤维捻制成的绳纱与盘头丝束制成的绳纱相比抱合力好，故前者的强力大于后者，但是为提高生产效率，减少分丝的工作量，生产企业大多采用盘头丝束制绳纱的方法。捻绳加工过程中的第 2 道工序是制绳股，目前制绳股的工序大致有两种，一种是将若干根绳纱集束加捻为一股；另一种是将若干组盘头丝束加捻为一段。第一种方法制得的绳股外观密致，很少有背股现象，股强力较高，制成的合股捻绳耐磨；而后一种绳股，外观较松软，易产生背股，其强力则相对较低，耐磨性能亦相对较差，但制成的捻绳手感较软。捻度是合成纤维捻绳制造过程中极为重要的生产工艺参数，不同的外捻度、不同的内外捻度比都影响着捻绳的外观、手感和断裂强力。由于绳索的应用范围较为广泛，不同的使用场合，对捻度有着不同的要求。不同的地区、不同的使用习惯，对捻度的要求也不相同。因此，捻绳的捻度应以客户要求为主，若客户无特殊要求，则捻度应确保加工后的捻绳柔挺适中、断裂强力较高。在选择合理的外捻度的同时，还须考虑捻比。除非有特殊要求，捻绳的捻比一般可控制在 1.5：1~1.2：1，根据绳索规格及其使用工况等进行调整。合成纤维编织绳索的加工工艺基本相同，现以 PP 编织绳索为例，将其工艺流程作简要介绍。采用编织机加工 PP 编织绳索的生产工艺流程为：

PP（纤维）—绳纱—绕管—编织—卷取—成绞—检验—包装—入库。

根据编织绳索生产的特点，制绳用原料可以用经加捻后的合股线作为绳纱，也可以直接用丝来做绳纱。现以 8 股 PP 编绞绳为例，将其工艺流程作简要介绍。

PP（纤维）—合股丝束—加工不同捻向绳纱—加工不同捻向绳股—4 根不同捻向绳股成对交叉编制绳索—检验—包装—入库。

8 股编绞绳的制股机（辅机）结构原理与 3 股绳副机基本相同。一般每台主机配置两台辅机，分别捻制 Z 捻与 S 捻绳股。8 股编绞绳机在 4 个拨盘上配置 8 个绳股锭子，在每个拨盘上置有控制棘爪的凸轮。8 股编绞绳机运转时，使 Z 捻绳股锭子作 S 向捻合；使 S 捻绳股锭子作 Z 向捻合。拨盘的运转，使两对 Z 捻与两对 S 捻绳股交错"压"与"被压"。拨盘每回转两周，则绳股完成一个捻回，绳索完成一个完整的编绞。和 3 股绳机一样，8 股编绞绳机亦须有"定向机构"，使绳股在编绞过程中保持捻度不变。合成纤维绳索制造过程中，制绳工艺与操作技术对绳索的性能有着密切的关系，其工艺技术可参见《渔业装备与工程用合成纤维绳索》等专著，这里不再详述。

4. 钢丝绳生产工艺

钢丝绳在捕捞渔具上用量较多，在水产养殖上用量较少。在深远海养殖中，钢丝绳有时用于提网绳。

钢丝绳是将力学性能和几何尺寸符合要求的钢丝按照一定的规则捻制在一起的螺旋状钢丝束（图 2–29）。钢丝绳广泛应用于渔业、冶金、船舶、电梯、索道、矿山、桥梁、军工、航天等各个行业和领域。钢丝绳生产工艺主要包含拉丝、捻股和合绳三部分（图 2–30 至图 2–32）。

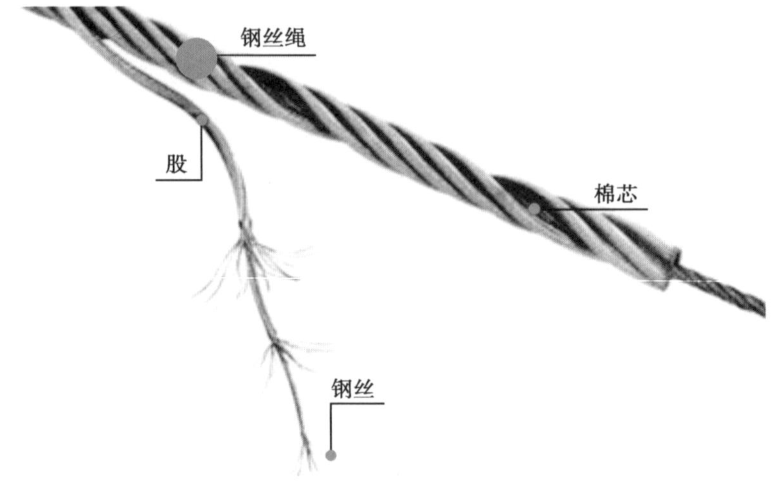

图 2–29　一种钢丝绳结构图

图 2–30　钢丝绳的拉丝

图 2–31　钢丝绳的捻股

图 2-32　钢丝绳的合绳

（1）拉丝

钢丝绳拉丝是指原材料经过酸洗、磷化、剥壳、开坯，其间进行一次或多次拔拉，改变其分子机构，使其达到目标直径的一种工艺手段。原材料有 0.14~10 mm 的黑色金属和直径为 0.01~16 mm 的有色金属。

a）酸洗。即用酸液洗去钢丝绳原材料表面锈蚀物和轧皮的过程，在钢丝绳生产工艺中又叫剥壳，主要把线材的氧化物剥离，以免铁锈等杂质影响开坯，损坏拉丝模具。

b）磷化。通俗来说，就是把材料浸入磷酸盐溶液中，使其表面获得一层不溶于水的磷酸盐薄膜的工艺。可在一定程度上防止腐蚀。

c）开坯。通过各种拉制金属线的模具中心的一定形状的孔，圆形、方形、八角形或其他特殊形状。当金属强行穿过模孔时，尺寸、形状都发生变化。

d）冷拔丝。选用普通的圆钢，将它从比其直径小一点的孔中强行拉过，则圆钢直径就会变小，长度会伸长，不断重复这样的加工过程，则圆钢会进一步变细。产生这种塑性变形以后的钢材硬度会增加，塑性会基本消失。对不要求塑性，只要求强度的场合，可以使用这样的钢材。

e）回火。因为钢丝的分子结构已经破坏，只有通过回火再次还原钢丝内部的结构。这样便于再次拉丝，而且不易断裂，能拉到我们想要的强度即抗拉强度。强度是通过拉丝实现的，不是经热处理得到的。这是钢丝绳工艺和机械加工工艺最大的区别。强度越高，拉力越强，但是韧性越差。所以，我们在钢丝绳选型上应选择合适的强度，不能一味追求高强度。高强度钢丝绳拉力强，但在耐磨度和柔韧性方面比较弱。

（2）捻股

捻股是指将钢丝捻成绳股。捻股机有筐篮式、轴管式、无管式和双捻机等。钢丝绳的类型、结构、原料和生产工艺取决于用途。一般钢丝绳选用直径 0.1~6.0 mm 圆断面的碳素钢丝。捻制密封和半密封钢丝绳时，采用“Z”形和其他异型钢丝。

钢丝绳的品种不断增多，结构日益复杂，除采用各种涂层钢丝外，还使用不锈钢丝和双金属钢丝。为确保钢丝绳使用的安全性和可靠性，要求钢丝绳有足够的强度，良好的挠性、捻制的密实性、抗压性、耐磨性、耐腐蚀性和抗疲劳强度等，其中强度最为重要。钢丝绳的截面结构有点接触圆股、线接触圆股、面接触圆股、异型股、单层股不旋转、密封及扁平等。其中，面接触圆股钢丝绳是靠捻股机的牵引力将线接触绳股通过拔丝模或辊模拔制而成。通过拉模，绳股经过变形前和变形后的截面。捻股中有涂油和镀层两种防腐措施。

所有钢丝绳都必须涂油。纤维芯浸油，油脂能够保护纤维芯不腐烂、不锈蚀钢丝，滋润纤维，并从内部润滑钢丝绳。表面涂油使绳股中所有钢丝表面都均匀地涂上一层防锈润滑油脂，其中对摩擦式矿井用绳，要涂增摩和抗水性强的黑油油脂；其他用途的则涂成膜性强、防锈性能好的红油油脂，并要求油层薄，便于在操作过程中保持清洁。镀层有镀锌、镀铝、涂尼龙或塑料等。镀锌又分钢丝先镀后拔的薄镀层和钢丝拔后镀锌的厚镀层，厚镀层的机械性能比光面钢丝绳低，宜在严重腐蚀环境中使用。镀铝钢丝绳比镀锌钢丝绳更耐腐蚀、耐磨、耐热，主要用于渔业拖网船舶及含硫化氢的矿井等，采用先镀后拔法生产。涂尼龙或塑料的钢丝绳分涂绳和涂股后合绳两种。前者用于静索，后者用于动索。当实施卷线工序时，人们将钢丝线盘，重新卷在捻股机的工字轮上；也可将钢丝从拔丝机后直接卷到工字轮上。

（3）合绳

在合绳机上将绳股围绕绳芯中心线作螺旋线排列生产钢丝绳的工艺过程称为合绳（亦称制绳）。合绳要严格按照钢丝绳制造工艺规定进行。合绳机选定后，应认真选配合绳用股，股的规格、结构、捻向、长度等应满足钢丝绳制造要求。股选定后，将载股工字轮安装在合绳机的工字轮轮架上。合绳工序中工字轮的安装、股的穿线方法、捻制参数的调整及捻制操作与捻股时的相同。合绳与捻股相比，仅在捻制工艺上有所不同。钢丝绳的捻制分为单捻钢丝绳的捻制、双捻钢丝绳的捻制和三捻钢丝绳的捻制 3 种类型。

单捻钢丝绳捻制方法和捻制工艺与相同结构的股的捻制方法和捻制工艺基本相同，区别仅在于：在单捻钢丝绳中，围绕绳芯外的各捻制层的钢丝捻向是交替变化的，捻向则按外层钢丝的捻向确定。密封钢丝绳属单捻钢丝绳，捻制方法与捻制圆股单捻钢丝绳相似，其不同点在于：捻制时必须保证绳芯外的异形钢丝大面始终朝向钢丝绳的外表面。密封钢丝绳绳芯外异形钢丝的捻制一般在专用设备上完成。

双捻钢丝绳通常由 2 根、3 根、4 根、6 根、7 根、8 根股捻制而成。目前最多可达到 36 股，品种多，结构较复杂，是应用最广泛的钢丝绳。应用最普遍的是由

6 根股组成的双捻钢丝绳。中细规格的双捻钢丝绳可采用管式捻股机捻制。粗规格钢丝绳，特别是同向捻钢丝绳，采用筐篮式合绳机捻制。异形股钢丝绳可采用专用设备捻制，也可在普通合绳机上将圆形股变形成异形股后捻制成钢丝绳。面接触钢丝绳可采用异形钢丝绳捻制法制造，也可采用塑性压缩法制造。塑性压缩法是在捻股时让圆形股经受拉拔或辊压，使股中钢丝产生塑性变形，改变股内钢丝的接触状态，然后用这种股捻制成钢丝绳。

三捻钢丝绳的捻制与双捻钢丝绳的捻制相同，只是捻制次数增加了。所有钢丝绳都应捻制成不松散的。钢丝绳的不松散性能通过合绳时对捻制股进行预变形实现。金属绳芯的钢丝绳也可以采用热处理方法获得不松散性能。为了改善钢丝绳的力学性能和不松散性能，除合绳时对股进行预变形外，捻股和合绳时还广泛采用股矫直工艺，以消除钢丝绳的捻制应力。

在合绳机的牵引轮和收线装置之间设有钢丝绳涂油槽，对钢丝绳涂油。钢丝绳涂油后经排线机构均匀地缠绕在收线机构的工字轮上。捻制完毕后，钢丝绳的绳头用软钢丝扎紧并固定在工字轮轮盘上。

第三节　网纲质量安全及技术标准体系表

网纲是一种特殊的渔用绳索，它装配在网具上。和绳索一样，网纲质量主要涉及物理机械性能和外观质量两个部分。网纲使用寿命除与网纲自身性能相关外，还与网纲的使用保养相关。当深远海养殖用网纲材料研发并产业化应用后会形成相关技术标准，而技术标准的制修订及其标准体系表的构建又助推网纲材料的技术熟化与产业化应用，进一步提高网纲材料的安全性。网纲质量安全及技术标准均直接关系到产品的质量，开展相关研究非常重要和必要。本节主要介绍网纲质量安全及技术标准体系表。

一、网纲质量安全

1. 网纲材料相关标准

和绳索质量一样，网纲质量主要包括物理机械性能（如直径、捻距、断裂强力和延伸性）和外观质量（如起毛、背股）两大类，前者可用特殊的试验仪器进行精确测量，后者可以通过人眼观察来判断。为了确保网纲在持续使用中有良好性能，我们要正确使用保养网纲，以延长其使用寿命。为保障网纲质量安全，深远海养殖用网纲材料至少需要达到合格品的要求。我国目前尚无以网纲直接命名的国家标准或行业标准，但网纲作为装配在网具上的绳索，等同采用相应的渔用绳索标准。基于上述原因，以下介绍渔用绳索标准，为网纲等绳索的选配、开发、应用和质量安全管理提供参考。

我国部分绳索材料相关国家标准或行业标准如表 2–13 所示。不符合标准、技术规范或贸易合同等规定的合格品要求的绳索材料视为绳索次品，除一次性捆扎绳等非重要工况外，在其他工况均不适合应用。分析研究绳索次品对保障绳索质量安全意义重大。通过绳索质量监督检查，可以筛选出绳索次品，分析绳索次品原因，然后通过制定措施或规章制度来保证绳索产品质量。经检验合格的绳纱、绳股，进入下一工序使用，合格绳索进入成品仓库；不合格的绳纱、绳股和绳索另行堆放，对其拆解、粉碎造粒或作为特殊用途绳索（如一次性捆扎绳）处理。

表 2–13　绳索材料相关国家标准或行业标准

序号	标准名称	标准号
1	纤维绳索　通用要求	GB/T 21328—2007
2	丙纶裂膜夹钢丝绳	SC/T 5017—1997
3	纤维绳索　聚丙烯裂膜、单丝、复丝（PP2）和高强度复丝（PP3）3、4、8、12 股绳索	GB/T 8050—2017
4	重要用途钢丝绳	GB 8918—2006
5	纤维绳索　有关物理和机械性能的测定	GB/T 8834—2016
6	纤维绳索　聚酯　3 股、4 股、8 股和 12 股绳索	GB/T 11787—2017
7	渔具材料基本术语	SC/T 5001—2014
8	渔具材料试验基本条件　预加张力	GB/T 6965—2004
9	渔具材料试验基本条件　标准大气	SC/T 5014—2002
10	渔用绳索通用技术条件	GB/T 18674—2018
11	剑麻白棕绳	GB/T 15029—2009
12	主要渔具材料命名与标记　绳索	GB/T 3939.3—2004
13	超高分子量聚乙烯纤维 8 股、12 股编绳和复编绳索	GB/T 30668—2014
14	混合聚烯烃纤维绳索	FZ/T 63020—2013
15	海洋平台定位系泊纤维绳　高模量聚乙烯（HMPE）	GB/T 36948—2018

2. 网纲质量检验

和绳索质量检验一样，网纲质量检验也包括出厂检验、型式检验、生产性检验、抽样及判定。

（1）出厂检验

参考 GB/T 18674—2018 及 GB/T 21328—2007 等相关标准，网纲等绳索（为便于叙述，以下将网纲等绳索简称为绳索）出厂前必须经过企业、技术人员或专业检验机构抽检或全数检验。现行标准 GB/T 18674—2018 规定的出厂检验要求是“每批产品需经厂检验部门进行出厂检验，合格后并附有合格证明方可出厂”，“出厂检验项目为 5.2 中的线密度和最低断裂强力”。绳索生产企业可根据需要每天或每批开展出厂检验，再根据上述检验中绳索线密度和最低断裂强力结果来判定绳索产品质量。出厂检验结果作为绳索企业判定该批绳索质量的重要依据，并根据检测结果对现有绳索生产工艺进行评价（如生产工艺保持不变、工艺优化或调整）。

（2）型式检验

当绳索新产品试制定型鉴定或老产品转厂生产时，绳索原材料和工艺有重大改变、可能影响产品性能时，以及国家省市地方质量监督管理部门提出型式检验要求时，必须对绳索产品进行型式检验。型式检验时，必须对 GB/T 18674—2018 第 5 章规定的全部项目（包括通用要求、物理性能）进行检验。为保障绳索质量，绳索加工企业应定期进行型式检验，型式检验结果作为绳索企业判定该批绳索质量水平的重要依据，并根据检测结果对现有绳索生产工艺进行评价（如生产工艺保持不变、工艺优化或调整）。

（3）生产性检验

绳索材料生产性检验虽然在 GB/T 18674—2018 中没有明确要求，但技术人员在绳索材料生产中对自行生产的绳纱、绳股、绳索都应进行全数生产性检验。在绳索材料生产性检验时，技术人员需具体检查绳纱、绳股、绳索的直径、重量、长度、捻度、绳股用纱规格与数量；此外，企业技术人员需要用目测法检查绳索材料外表是否有背股、裂股、擦伤、扭股、聚捻、松捻、油污、大小股、叠纱和接头等外观瑕疵点。

绳索扭股是指绳索中某绳股局部突然出现捻度较紧、绳纱重叠、表面凹陷的现象［见图 2-33（a）］。绳索擦伤是指绳索的连续一段绳股表面因磨损引起发毛，甚至表面绳纱磨短的现象［见图 2-33（b）］。

绳索油污是指绳索染有大量油污［见图 2-34（a）］。绳索油污对断裂强力性能一般没有影响，但影响外观。绳索背股是指绳索外表有一段或数处的绳股最高点不在一条线上［见图 2-34（b）］。绳索背股时，如果用直尺平量背股后的绳股，人们会发现绳索有一股凸出或凹下。

绳索接头是指不允许绳股接头的绳索出现绳股接头（包括镶长头、退模接头等）［见图 2-35（a）］。允许绳股接头的绳索，如果绳股接头不良，那么绳纱严重退捻后包在绳股中，会造成绳股表面粗糙、绳股外表冒纱、绳股接头处绳纱数超量等。

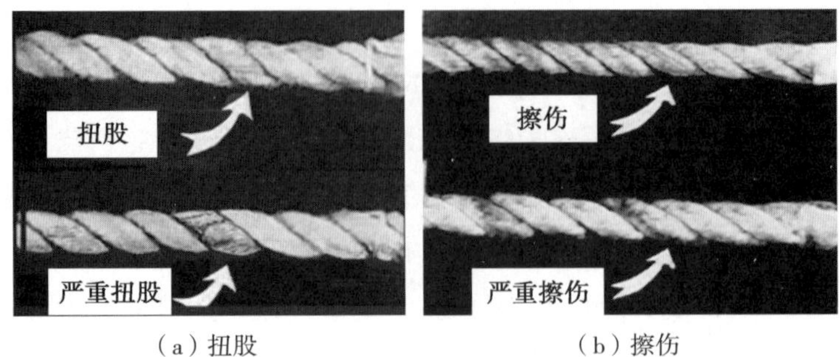

（a）扭股　　（b）擦伤

图 2-33　绳索扭股与擦伤

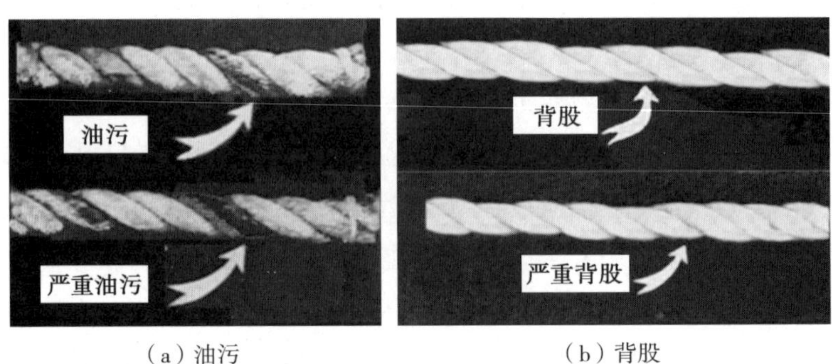

（a）油污　　（b）背股

图 2-34　绳索油污与背股

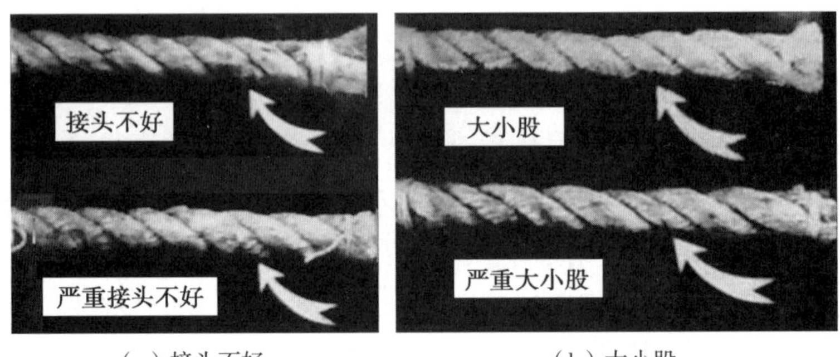

（a）接头不好　　（b）大小股

图 2-35　绳索接头不好与大小股

绳索大小股是指绳索外表部分看起来类似背股，绳股最高点的连线不成一条直线［图 2-35（b）］。绳索大小股实际上是因为绳股直径有大有小，由绳股中绳纱数量过多或严重缺少引起，并非由绳股张力不一致所造成。

绳索松捻是指绳索中某绳股局部加捻不足［见图 2-36（a）］。绳索叠纱是指绳股中绳纱排列未穿穿线板，造成绳股表面的绳纱相互挤压出现凹陷或叠起的现象。绳索叠纱时绳索外表不整齐［见图 2-36（b）］。

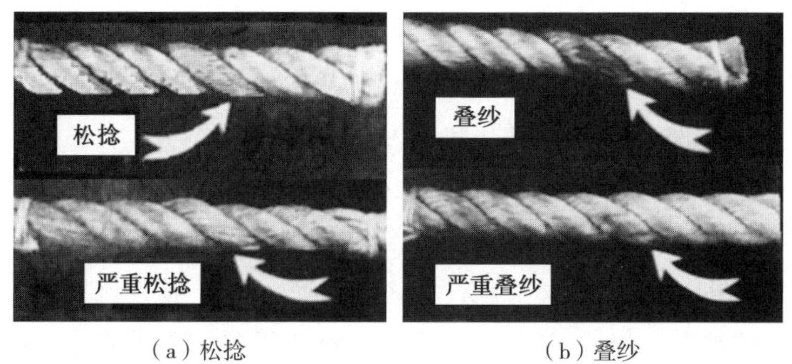

（a）松捻　　（b）叠纱

图 2-36　绳索松捻与叠纱

绳索裂股是指绳索外表某处的外露绳纱一根或数根断裂［图 2-37（a）］。绳索聚捻是指绳索中某绳股局部加捻过紧［图 2-37（b）］。

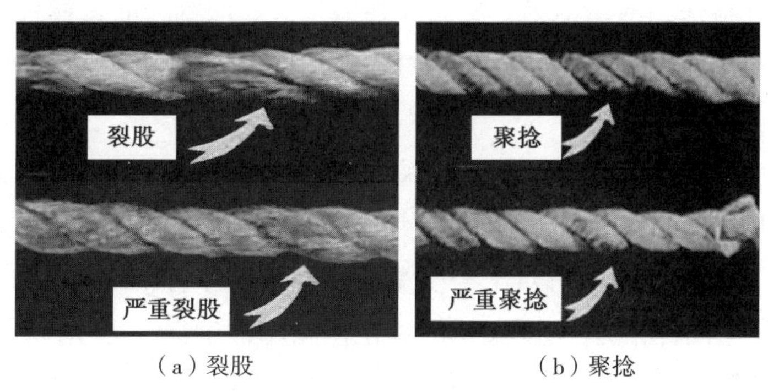

（a）裂股　　（b）聚捻

图 2-37　绳索裂股与聚捻

（4）抽样

现行标准 GB/T 18674—2018 规定的绳索抽样要求如下。

a）同一规格、相同尺寸、经相同工序制造及检验过程的相同材料的产品为一个检验批。

b）除另有协议外，在同一批产品中随机取样的样品绳索卷数 N_s 按公式（2-15）进行计算

$$N_s=0.4\sqrt{N} \tag{2-15}$$

式中：N_s——抽取的样品数量；

N——批大小，一批中每卷长度为 220 m 的渔用绳索总卷数（当 $N_s<1$ 时，抽取 1 个样品；计算值应修约至整数）。

［示例 2-1］绳索用户购买公称直径 36 mm 的 UHMWPE 绳索 30 卷，要进行抽样检验，问样品数量为几个？

解：按公式（2–15）进行计算。

$$S = 0.4\sqrt{N} = 0.4\sqrt{30} = 2.19 \approx 2$$

答：根据计算和数值修约，样品数量为 2 个。

（5）判定规则

现行标准 GB/T 18674—2018 规定的绳索质量判定规则要求如下。

a）在检验结果中，若全部检验项目符合第 5 章要求，则判该批产品合格。

b）在检验结果中，若最低断裂强力不符合 5.2 要求，则判该批产品不合格。

c）在检验结果中，若除最低断裂强力以外的检验项目有一项（或一项以上）不符合第 5 章相应要求时，应在该批产品中加倍抽样进行复检，若复检结果仍不符合要求，则判该批产品不合格。

3. 网纲材料的使用保养

网纲是一种特殊的渔用绳索，它装配在网具上。网纲和绳索材料的使用保养要求一样。基于上述原因，以下介绍绳索材料的使用保养，网纲材料的使用保养可按相同方法执行。

绳索使用寿命除与绳索产品质量相关外，还与绳索的使用保养有关。为了确保绳索在持续使用中有良好性能，延长其使用周期或使用寿命，我们既要正确筛选和使用绳索，又要保养好绳索。对于经受重载荷和强烈摩擦的绳索（如船用系泊绳、起吊索具、围网括纲、拖网网囊束纲、深水网箱箱体纲绳、养殖围网桩网连接绳、深远海养殖用网纲等），为确保安全和避免丢失，人们要及时查看绳索是否有损坏及其磨损程度。对起关键作用的纲索要定期彻底检查，以确认它们是否可用，对渔用绳索一般采用目测加抽样的方法检测；但对其他绳索，在使用后宜通过专用仪器设备定期进行抽样检测，以确保绳索使用过程中的人员生命财产安全。

（1）绳索的保养

生产实践表明，绳索的保养非常重要，如绳索应避免强烈光照、远离热源、免受化学药品的作用等。此外，还要及时清除绳索污垢、尽量防止或减少绳索磨损和超载次数。在绳索使用时，如发现绳索自然老化或有严重损坏应及时给予更换，以确保绳索使用过程中的生命财产安全。

（2）绳索的盘放及端部结扎

解捆出来的绳索为便于操作应有序地盘放整齐，以便使用时能顺利引出而不致发生扭结。右手捻绳索宜顺时针卷绕，左手捻绳索宜逆时针卷绕，即跟捻向一致。打卷的时候最好每层移动几厘米让绳圈呈螺旋状（见图 2–38），而不要把一层完全摞在另一层上。为盘放体积小一点也可将绳索盘成圆形，注意圆圈的直径不能太小，盘绕方向应与其捻向相反。

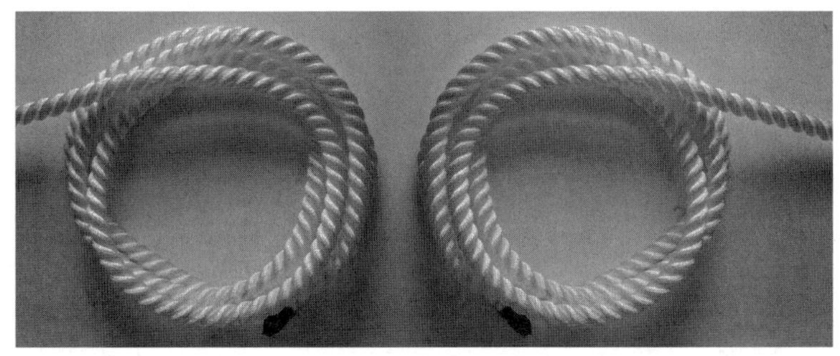

图 2–38　打卷存放

所有绳索都适合用“8”字形存放（图 2–39），这种盘放方式比打卷存放更好（“8”字形存放方式可以避免双向缠绕打结）。捻绳每隔一次缠绕宜在中轴线上翻转一次，不然绳索内仍会产生张力。

图 2–39　“8”字形存放

为防止绳索端部的绳纱、绳股散开，必须用线带、细绳、扎带或胶带等将绳索端部扎紧；对绳索而言，人们还用火焰或电烙铁等将绳索端部熔化在一起。对钢丝绳或夹塑钢丝绳，可采用浇铸、卸扣、卡扣、线带、细绳或扎带等将端部固结或捆扎。

（3）绳索公称直径的选择及工作载荷的选用

绳索在使用中应防止急剧的弯折。绳索在任何情况下，D/d 比率（D 为滑轮绳槽直径，d 为绳索直径）都宜大于 5，某些高性能纤维的这个比率可达到 20。在很多应用中或者绳索类型里，都要求高 D/d 比率，尤其是对于起重作业，较高的安全系数更加合适。除了滑轮绳槽直径，绳索的寿命也取决于凹槽的设计和尺寸。如果凹槽太窄，绳索会卡住，绳股和纤维材料就不能按要求移动和弯曲，这样会对绳索的使用寿命不利。但是如果凹槽太宽，绳股和绳纱会压平，这样也会影响绳索的使用寿命。建议合成绳索凹槽的直径比绳索的直径大 10%~15%。与凹槽接触弧达到 150° 时绳索受力最佳。凸缘的高度至少是绳索直径的 1.5 倍，才能防止绳索从滑轮绳槽上滑落。滑轮绳槽宜根据图 2–40 进行检查。轴承宜定期保养以保证滑轮绳槽光滑能够顺利转动。

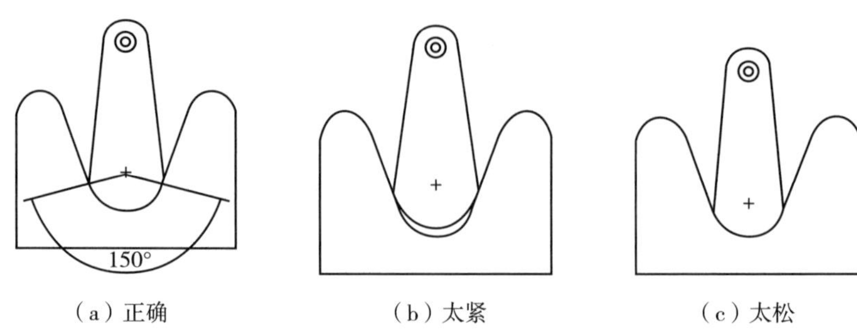

图 2–40　检查滑轮绳槽

根据绳索的使用场合选择绳索的种类和规格，并应准确地确定各使用场合下所需绳索的最大载荷（即安全工作载荷）。为安全起见，作用于绳索上的安全工作载荷必须小于其断裂强力，安全系数一般选取 5~8，在与人身安全有关的地方至少为 8，甚至可达到 20。因此，为了延长绳索的使用期限，使用中应保持绳索的工作载荷相当于其断裂强力的 1/5~1/8。绳索工作载荷一般不应超过其断裂强力的 12.5%~20%。若绳索在湿态下使用，那么安全系数必须比干态时增加 10%~20%。

（4）解开绳捆的方法

绳索新产品在出厂时一般盘成捆，所以，在使用绳索前将遇到如何解开绳捆的问题。对捻绳而言，若解开绳捆时操作不当将会发生绳索扭结现象，即在绳索上陡然弯曲或打圈，这主要是因为以错误的方向将绳索从盘绕状转变成直线状时，在绳索局部形成了一个额外捻度，而绳索自身企图摆脱这额外捻度，就形成扭结。为防止解捆时捻绳扭结，最好的解捆方法是用一个自由旋转的盘绳架从绳捆中由外向里、从下向上地拉出绳索；盘绳架应适当刹紧，以免架上绳捆受到损坏。如果仅从绳捆中剪取一段，则应将绳捆侧放，从里层一端拉出并转动绳索，退去绳索在盘绕时的附加捻度。转动绳索的方向，对 Z 捻绳应逆时针方向转动，对 S 捻绳应顺时针方向绕动。对编绳而言，解开绳捆时不会发生绳索扭结现象，因此，编绳可以向左或向右解捆。

（5）其他使用保养注意事项

绳索使用保养事项很多，有兴趣的读者可参考正在修订的 GB/T 21328 标准或相关文献资料。

二、深远海养殖用网纲材料标准体系表

深远海养殖用网纲材料标准体系表一般参考深远海养殖绳索材料标准体系表。

深远海养殖绳索材料标准体系表隶属于渔具及渔具材料标准体系表。按照《标准体系表编制原则和要求》（GB/T 13016—2009）的规定，东海所石建高研究员课题组开展了深远海养殖绳索材料标准体系表的初步分析研究，现阶段主要成果简介如下。

1. 产品专业通用标准

深远海网箱结构形式多样，决定了深远海养殖绳索的多样性与复杂性，无法采用统一的绳索及标准，如“深蓝 1 号”全潜式大型网箱、半潜式波浪能养殖旅游平台就采用了 UHMWPE 绳索、PE 绳索等不同种类绳索（图 2–41）。深远海养殖绳索材料产品专业通用标准（亦称基础性标准）如表 2–14 所示。

图 2–41　采用不同种类绳索的深远海养殖设施

表 2–14　304–05–01 基础性标准

序号	标准名称	标准编号	宜定级别	采用国际、国外标准的程度	采用的或相应的国际、国外标准号	备注（原标准名称 / 号）
1	渔具与渔具材料量、单位及符号	GB/T 6963—2006	推荐性			GB/T 6963—1986
2	渔具材料试验基本条件　预加张力	GB/T 6965—2004	推荐性			GB/T 6965—1986
3	渔具基本术语	SC/T 4001—2021	推荐性			SC/T 4001—1995
4	渔具材料基本术语	SC/T 5001—2014	推荐性			SC/T 5001—1995
5	渔具材料试验基本条件　标准大气	SC/T 5014—2002	推荐性			

2. 产品门类通用标准

深远海养殖绳索材料产品门类通用标准如表 2–15 所示。

表 2–15　404–05–01 深远海养殖绳索材料产品门类通用标准

序号	标准名称	标准编号	宜定级别	采用国际、国外标准的程度	采用的或相应的国际、国外标准号	备注（原标准号）
1	主要渔具材料命名与标记　绳索	GB/T 3939.3—2004	推荐性			
2	纤维绳索　有关物理和机械性能的测定	GB/T 8834—2016	推荐性			
3	纤维绳索　通用要求	GB/T 21328—2007	推荐性			正在修订中
4	渔用绳索　通用技术条件	GB/T 18674—2018	推荐性			
5	绳索和绳索制品　系船用的天然纤维绳索与化学纤维绳索之间的等效性	GB/T 11789—2007	推荐性			
6	钢丝绳　实际破断拉力测定方法	GB/T 8358—2014	推荐性			

3. 产品个性标准

深远海养殖绳索材料产品个性标准如表 2–16 所示。

表 2–16　504–05–01 深远海养殖绳索材料产品个性标准

序号	标准名称	标准编号	宜定级别	采用国际、国外标准的程度（用符号表示）	采用的或相应的国际、国外标准号	备注（原标准号）
1	聚酰胺绳	SC/T 5011—2014	推荐性	=	ISO 1140：2004	
2	超高分子量聚乙烯纤维 8 股、12 股编绳和复编绳索	GB/T 30668—2014	推荐性			
3	剑麻白棕绳	GB/T 15029—2009	推荐性			

续表

序号	标准名称	标准编号	宜定级别	采用国际、国外标准的程度（用符号表示）	采用的或相应的国际、国外标准号	备注（原标准号）
4	渔用高强度 3 股聚乙烯单丝绳索	SC/T 4021—2007	推荐性			
5	混合聚烯烃纤维绳索	FZ/T 63020—2013	推荐性			
6	聚酯与聚烯烃双纤维绳索	GB/T 30667—2014	推荐性			
7	聚丙烯裂膜夹钢丝绳	SC/T 5017—2016	推荐性			SC/T 5017—1997
8	纤维绳索　聚丙烯裂膜、单丝、复丝（PP2）和高强度复丝（PP3）3、4、8、12 股绳索	GB/T 8050—2017	推荐性			GB/T 8050—2007
9	纤维绳索　聚酯　3 股、4 股、8 股和 12 股绳索	GB/T 11787—2017	推荐性			GB/T 11787—2007
10	渔用绳索通用技术条件	GB/T 18674—2018	推荐性			
11	重要用途钢丝绳	GB 8918—2006	强制性			
12	一般用途钢丝绳吊索特性和技术条件	GB/T 16762—2020	推荐性			
13	3 股聚酰胺帘子线绳		推荐性			
14	8 股聚酰胺帘子线绳		推荐性			
15	聚乙烯夹钢丝绳		推荐性			
16	6 股聚酰胺混合绳		推荐性			
17	聚烯烃绳		推荐性			
18	3 股聚乙烯醇绳		推荐性			
19	3 股聚乙烯单丝绳		推荐性			
20	8 股聚酰胺编绞绳		推荐性			
21	聚丙烯 - 聚乙烯绳　混融型		推荐性			

续表

序号	标准名称	标准编号	宜定级别	采用国际、国外标准的程度（用符号表示）	采用的或相应的国际、国外标准号	备注（原标准号）
22	聚乙烯编织绳		推荐性			
23	8 股聚酰胺编绞绳		推荐性			
24	渔业用热镀锌圆胶合网丝绳		推荐性			

上述深远海养殖绳索材料标准体系表仅是迄今为止的研究成果，它有一个动态演变的过程，成熟的深远海养殖绳索材料标准体系表有待今后立项专题研究。建议国家省市相关管理部门尽快立项开展深远海养殖绳索材料标准体系专题研究，助力现代渔业的高质量发展。深远海养殖业前景广阔，但网纲质量安全及技术标准体系确立等工作任重道远。

第三章　深远海养殖用网纲性能及破坏机理

网纲是重要的渔具材料，其性能直接关系到深远海养殖业的成败。网纲应具备一定的物理机械性能，如一定的粗度、足够的强力、适当的伸长率、良好的结构稳定性、良好的弹性与柔挺性、良好的耐磨性与耐腐性、良好的抗冲击性与抗疲劳性等。网纲在使用过程中，会受到风、浪、流等外力作用，这就要求其具备良好的使用性能。系统研究网纲性能及破坏机理，有利于深远海养殖用网纲技术升级及创新。本章论述网纲材料的主要物理机械性能、网纲使用性能及其破坏机理、环境因子对深远海养殖用绳索性能的影响等，为现代渔业的高质量发展提供科技支撑。

第一节　深远海养殖用网纲材料的主要物理机械性能

和绳索一样，网纲的主要物理机械性能有捻距、编绞距、粗度、断裂强力、断裂伸长率、断裂长度和延伸性等。目前，国内外尚无以网纲直接命名的物理机械性能标准，但因网纲为一种装配在网具上的绳索，因此，在实际生产、贸易、技术交流等活动中，网纲材料的主要物理机械性能标准可参考绳索标准。本节主要介绍网纲材料的主要物理机械性能。

一、捻距、编绞距、捻回角、捻系数与捻度

尽管目前国内外尚无以网纲直接命名的物理机械性能标准，但已制修订了以绳索命名的物理机械性能标准［如《纤维绳索　有关物理和机械性能的测定》（GB/T 8834—2016）、“Fibre ropes – Determination of certain physical and mechanical properties”（ISO 2307：2019）］。在实际生产、贸易、技术交流等活动中，网纲材料的主要物理机械性能标准均参考绳索材料的相关标准（在有合同要求或产业需求等特殊情况下，按相应的特殊规定执行）。

1. 捻距与编绞距

深远海养殖用网纲等绳索（以下将网纲等绳索简称“绳索”）的综合性能大体上可分为两大类，一类是绳索材料的主要物理机械性能（如线密度、捻距、伸长和断裂强力等）；另一类是绳索材料的使用性能（如抗冲击性、耐磨性和疲劳性等）。对这些性能的测试是在实验室或专门的测试中心进行。由于绳索在结构和使用方式上不同于大多数纺织材料，所以，一般要求绳索试验方法和试验条件应尽可能与作业条件相似，这就增加了一些绳索性能的测试难度。

绳索加捻程度的特征指标和网线一样。绳索加捻程度可以用捻距、捻回角、捻度或捻系数等来表示（图 3–1）。编织绳或编绞绳的两个重复编织单元对应点之间沿绳缆轴向距离称为节距、编绞距或花节长度，符号 h（图 3–2 和图 3–3）。绳的股线或者股的纱线的一个完整捻回沿绳或股的中心轴方向的长度称为捻距或螺距，符号 h，一般以毫米为单位。测量一绳股在沿绳索轴线方向上二次出现的间距即为捻

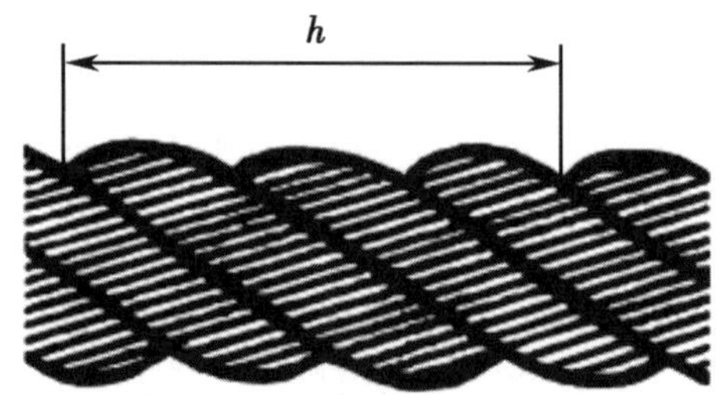

图 3–1　3 股、4 股和 6 股绳的捻距

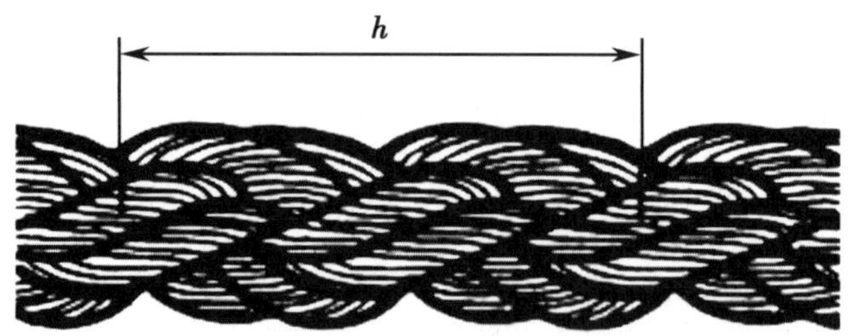

图 3–2　8 股编绞绳或编织绳的编绞距

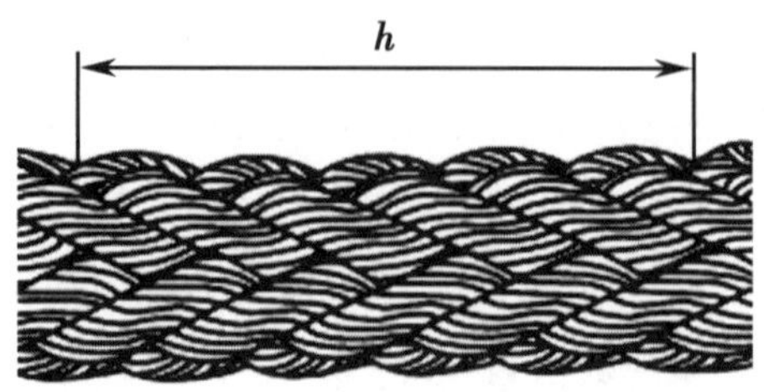

图 3–3　12 股编绞绳或编织绳的编绞距

距（图 3-1 和图 3-3）。根据绳索的种类，在捻距和编绞距测量时，需对试样施加表 3-1 所规定的预加张力（该测量方法源自 GB/T 8834—2016）。

表 3-1 测量绳索直径、线密度、捻距或编绞距时施加于绳索上的预加张力

公称直径（mm）	施加于绳索上的预加张力		公称直径（mm）	施加于绳索上的预加张力	
	公称值（daN）	允差（%）		公称值（daN）	允差（%）
4	2	± 5	44	242	± 5
4.5	2.53	± 5	48	288	± 5
6	4.5	± 5	52	338	± 5
8	8.0	± 5	56	392	± 5
9	10.1	± 5	60	450	± 5
10	12.5	± 5	64	512	± 5
12	18.0	± 5	72	648	± 5
14	24.5	± 5	80	800	± 5
16	32.0	± 5	88	968	± 5
18	40.5	± 5	96	1 150	± 5
20	50.0	± 5	104	1 350	± 5
22	60.5	± 5	112	1 570	± 5
24	72.0	± 5	120	1 800	± 5
26	84.5	± 5	128	2 050	± 5
28	98.0	± 5	136	2 310	± 5
30	113	± 5	144	2 590	± 5
32	128	± 5	152	2 890	± 5
36	162	± 5	160	3 200	± 5
40	200	± 5	—	—	± 5

捻距的计算公式见公式 1-3。捻距对 3 股合成纤维捻绳性能的影响可参见表 1-3。由表 1-3 可见：①绳股和绳索捻距的变化对聚酰胺（PA）长丝绳索的各项性能影响较小，例如从紧捻变化到松捻，其断裂强力仅增加 8%，而断裂伸长率减小较明显；②聚酯（PET）长丝绳索随股的捻度减小而使断裂强力和断裂长度明显增加；③聚丙烯（PP）单丝绳索的断裂强力与 PET 长丝绳索一样，绳股的捻距影响比绳索的捻距大，但捻距的差别仅 16% 左右，而 PET 长丝绳索股与绳的捻距差别约有 30%；④聚乙烯（PE）单丝绳索股捻距、绳捻距均对断裂强力有所影响，即从紧

捻到松捻，断裂强力相应增加约 22%；⑤对表 1–3 中多数绳索而言，如股捻距相同而绳捻距增加时，断裂伸长率呈减少的趋势。事实上，绳索捻距或捻度的变化应有限度，一方面若捻距过小会使绳索断裂强力和柔软度大为降低，并增加绳索扭结的趋势；另一方面，若捻距过大会降低绳索的紧密度，直至结构趋于松散。如表 1–3 中，捻距为 720 mm 的 PET 长丝绳索样品，这种绳索非常松散且结构不稳定，尽管它有很高的断裂强力，但在实际使用中是不适合的。与 PET 长丝绳索相反，PP 单丝绳索捻距则要求相对大些，以获得满意的使用性能，否则 PP 单丝绳索会很硬。有关 3 股合成纤维捻绳和 4 股合成纤维捻绳的捻距要求参见《纤维绳索通用要求》（GB/T 21328—2007）。

编绳按结构可分为管形编绳（图 3–4）或圆形编绳、8 股编绞绳（见图 3–2），管形编绳结构与编线相同。编绳的紧密度用花节长度（亦称编绞距或节距）衡量（见图 3–2 和图 3–3），这与捻绳的捻距相当。编绳上的绳股形成一个完整编结圈的螺距长度称为编绳的花节长度，符号 L_h，一般以毫米为单位。螺距长度在 8 股编绳中通过 4 个花节；在 16 股编绳中通过 8 个花节。编绳在 1 m 内的花节长度数称为花节数，一般以个为单位。编绳可以加捻，也可以不加捻，它通过编织机的锭子把绳股相互穿插在一起编织而成。

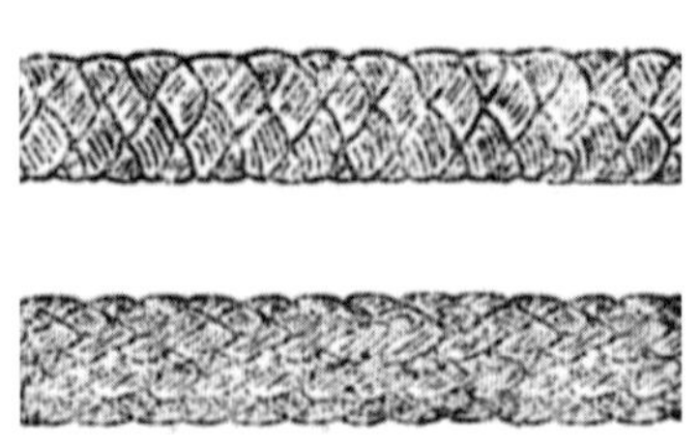
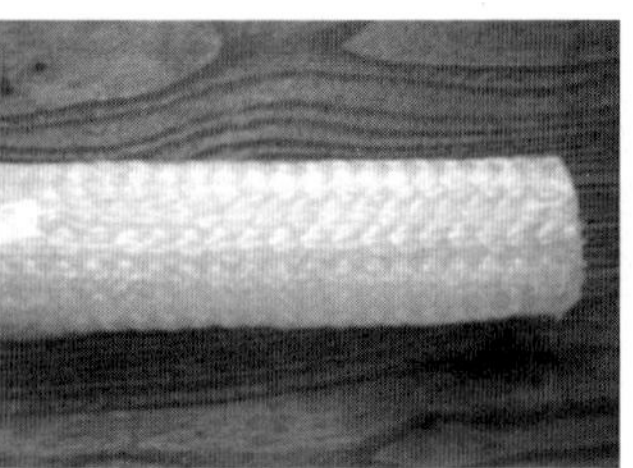

图 3–4 管型编绳

8 股编绞绳适用于船只及网箱等渔业装备的系泊等，因此，它主要制成直径 20 mm 以上的大规格绳索。8 股编绞绳与其他编绳类似，在外力作用下不会扭转，而且 8 股编绞绳较柔软，纤维间内摩擦力较低，即使有 1~2 股断裂，该类绳索也不至于松散。花节长度对编织绳性能的影响也和捻绳类似，编绳花节长度减小，断裂强力会下降，而断裂伸长率会有所增加。图 3–5 为直径 4 mm 的 PET 长丝编绳的载荷—伸长曲线，其中，正常编织的编绳每米 290 个花节（参见图 3–5 中

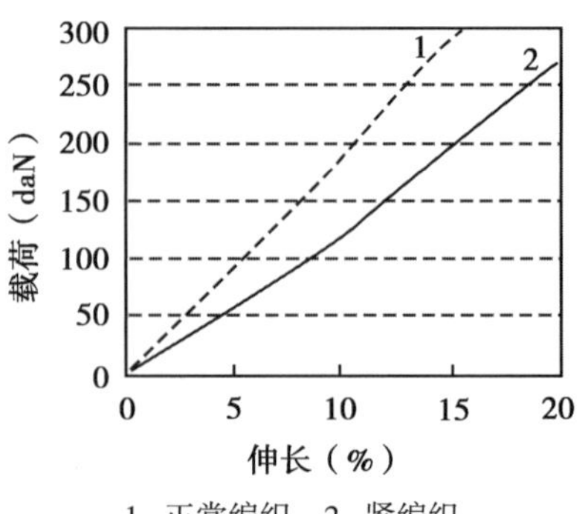

1. 正常编织　2. 紧编织

图 3–5 PET 长丝编织绳载荷—伸长曲线

曲线 1），断裂强力为 3 567 N；紧编织的编绳每米 410 个花节（参见图 3-5 中曲线 2），断裂强力为 2 783 N。有关 8 股编绞绳的捻距要求参见 GB/T 21328—2007。

2. 捻回角、捻系数与捻度

相关内容可参见本书第一章。

二、粗度

1. 直径、周长与线密度

绳索的粗度一般用直径、周长和线密度来表示，有关内容可参见本书第一章。拖网在水中运动时的阻力、网箱网衣系统的水阻力等方面都与绳索直径和周长有关，因此，科学检测绳索直径与周长具有重要意义（图 3-6）。

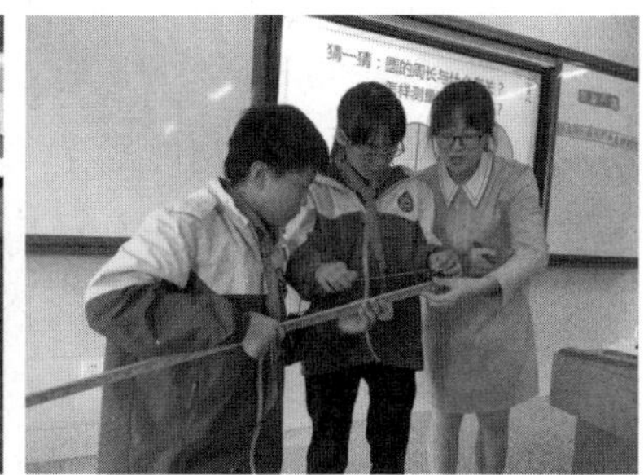

图 3-6　绳索直径与周长的测量

作为现代测试技术，光学自动测量是采用 CCD 摄像获得绳索直径的信号曲线，经微分处理得到绳索的直径，或直接成像进行图像处理获得绳索直径，比较成熟的设备有 Lawson-Hemphill 公司的 EIB 系统和 USTER 公司的 USTER TESTER Ⅳ系统（图 3-7），等等。

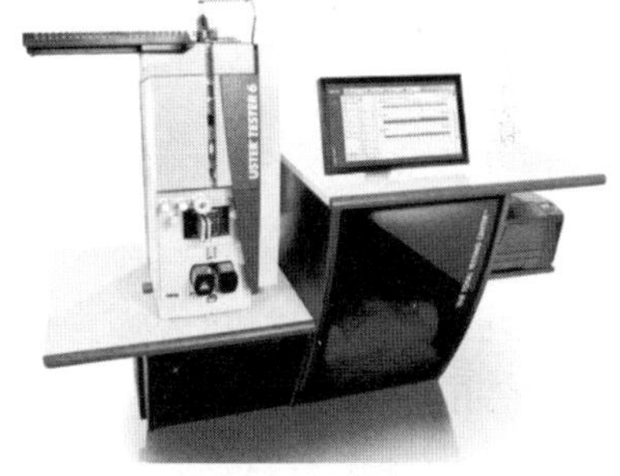

图 3-7　USTER TESTER Ⅳ系统

2. 线密度

有关内容参见本书第一章，特别需要指出的是，绳索、绳索加捻前各根绳纱（或单丝）线密度的总和称为总线密度，总线密度往往小于绳索的综合线密度，这种差数主要是因为绳纱（或单丝）加捻和并合所引起。

三、断裂强力、断裂伸长率与断裂长度

根据《钢丝绳　实际破断拉力测定方法》（GB/T 8358—2014）、“Steel wire ropes – Test method – Determination of measured breaking force”（ISO 3108：2017），可测试钢

丝绳的断裂强力。根据国家标准《重要用途钢丝绳》（GB 8918—2006），钢丝绳伸长的测量应由供需双方协议。这里不再详细介绍，感兴趣的读者可参照上述标准或相关文献资料，也可向绳索专业检验机构（如农业农村部绳索网具产品质量监督检验测试中心）咨询。有别于钢丝绳，纤维绳索的物理与机械性能的测定依据GB/T 8834—2016。下面主要简述纤维绳索断裂强力、断裂伸长率与断裂长度测定方法。

1. 纤维绳索的断裂强力和断裂伸长率

绳索在标准规定的条件下作拉伸断裂试验时，拉伸至断裂所施加的最大载荷称为绳索的断裂强力，符号 F_d，一般以十牛顿（daN）、千牛（kN）或牛顿（N）为单位。断裂强力亦称破断强力。与网线一样，绳索的断裂强力，因制绳用基体材料的种类、纤维形态、绳索结构、绳索捻度、绳索后处理方式及干湿状态等因素的差异而不同。绳索的断裂强力是反映绳索性能和选用时的一个最重要技术指标，对一根绳索的断裂强力的误判能导致严重的后果，因此，人们必须精确地测量绳索的断裂强力。绳索断裂强力试验是在绳索强力试验机上进行，试验机可对绳索试样施加拉力直至其断裂。试验方法对试验结果有一定的影响，所以，为了比较试验结果，试验方法必须严格按照国家标准或国际标准（如 GB/T 8834—2016、GB/T 8358—2014、GB 8918—2006、ISO 2307：2019、ISO 3108：2017 等）进行。在上述标准中明确规定了试验机的类型和容量、试样的抽取和选择、试样的条件、试样的长度、夹持试样的夹钳类型或其他夹具装置、预加张力、试验机构件运动速度和试验数据的计算。

（1）试验设备

强力试验机量程应大于绳索的估算断裂强力，其往复运动部件应能做匀速运动，且准确度达到断裂强力值的 ±1%。绳索断裂强力测试时可使用不同类型的强力试验机：

a）轮式夹具试验机；

b）用销柱固定插接眼环试验机；

c）楔形夹具试验机。

轮式夹具试验机，夹持试样的夹紧轮或凸轮的直径至少为被测绳索直径的 10 倍。用销柱固定插接眼环试验机，销柱的直径应不小于被测绳索直径的两倍。农业农村部绳索网具产品质量监督检验测试中心拥有美国 INSTRON 4466 型强力试验机和德国 RHZ 1600 型强力试验机等专用绳索检测强力试验机（见图 3–8 和图 3–9）；其中，INSTRON 4466 型强力试验机的绳索最大断裂强力测试范围为 10 kN、RHZ 1600 型强力试验机的绳索最大断裂强力测试范围为 1 600 kN。

图 3-8　INSTRON 4466 型强力试验机及绳网性能测试现场

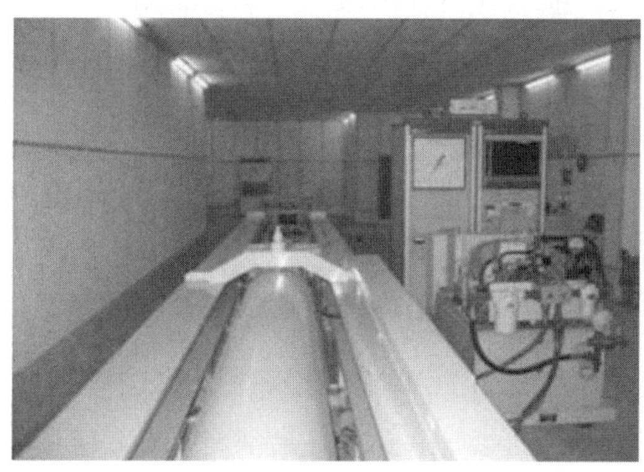

图 3-9　RHZ 1600 型强力试验机及绳索性能测试现场

（2）样品数量

当顾客明确要求后，样品数量按公式（2-15）在待测试样进行随机选取。如顾客有取样要求，按抽签顺序，应该从每个单位中抽取合适长度的试样以进行特定测试，也包括交付时试样的质量或长度。另外，经顾客和生产厂家协商确认，可使用生产厂家的产品和检查记录。批是由同一规格、相同尺寸、经相同工序制造及检验过程的绳索组成，样品应在同一个批中抽取。

（3）试样长度

试样应有足够的长度，以保证装在试验机上后可提供足够的有效长度。试样最小的有效长度因不同种类绳索和不同的强力试验机夹具而不同（见表 3-2）。试样的有效长度（L_u）是指试样在张力为零且试样在三种主要夹具间保持直线条件下测量所获得的长度。夹具类型见图 3-9 所示。从每一个样品中取一段试样。试样可从样品的任意一段截取，若因使用需要而截断时，试样也可以在样品的中部截取。在截取试样时，应采取必要的措施避免退捻，必要时可舍弃已经稍微退捻的端部，以确保试样的有效性。

表 3-2 有效长度

绳索类型	试验机类型	试验所必需的最小有效长度（mm）
化学纤维绳索（$d \leqslant 10$ mm）	各种类型试验机	400
化学纤维绳索（10 mm<d<20 mm）	轮式夹具试验机	400
	销柱类型试验机	1 000
	楔形夹具试验机	—
化学纤维绳索（$d \geqslant 20$ mm）	销柱类型试验机	2 000[a]
天然纤维绳索	各种类型试验机	2 000

注：d 代表绳索公称直径；a 表示如果绳索捻距大于 360 mm，那么 L_u 应尽可能增加到 5 倍的捻距长度。

（4）试样调节

一般情况下，试样处于环境大气条件下，在平面上摊开一段时间后再进行试验。在有争议时，将试样置于"Textiles–Standard atmospheres for conditioning and testing"（ISO 139：2005）所规定的大气条件下至少调节 48 h 后再进行试验。

（5）物理机械性能测试

a）初始测量。在不受明显张力（不超过预加张力 20%）的情况下，将试样展直置于平面上，测量其长度 L_0，单位为米，L_0 精确至 1‰。在试样上做两个"w"标记。两个标记应与试样的中点对称，距离大于 400 mm，以 L_0 表示。当 L_u<400 mm 时，对个别试样测量 L_0 和 l_2，最小长度为 400 mm 的试样采用同样的步骤；借助砝码和滑轮施加适当的张力，测定出 l_2。测定试样的质量，以"m"表示，单位为克，精确至 0.5%。公称直径大于 70 mm 的大型绳索的初始测量备择方法参见 GB/T 8834—2016 中的附录 C。

b）在试验机上装夹试样。为方便读者理解，以下摘录作者主持起草的 GB/T 8834—2016 相关叙述：根据所用试验机的类型，用楔形夹具、轮式夹具或用销柱固定插接眼环试样的两端，装夹试样时应达到标准所规定的试样有效长度。在使用眼环进行试验时，眼环的闭合内长应为 6 倍的绳索直径；其插接方式则由制造商决定。对于化学纤维绳索，建议将插接尾端做成锥形。按图 3-10 至图 3-12 所示，两个标记"r"指示出一段试样区间，断裂发生在该区间内被视为正常。每个标记"r"到闭合末端的距离（或者到轮式夹具的切点）最小为两倍的绳索直径，最大为 3 倍的绳索直径。

c）捻距和标距的测量。根据绳索种类，对试样（参见表 3-1 或 GB/T 8834—2016 中的附录 A）施加规定的预加张力并测量。测量捻距的最大值（可能在 L_u 内），

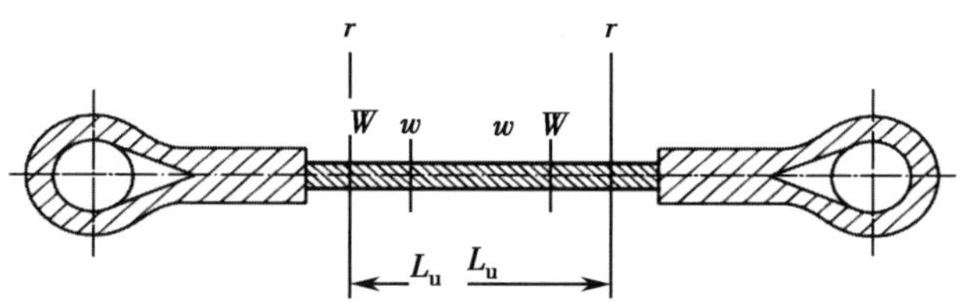

说明：

r——标准试验时的限制标记；

L_u——试样被展直后，在无张力情况下测量的有效长度。

图 3-10　用销柱固定眼环的试验机测定公称直径不小于 20 mm 绳索时试样有效长度 L_u

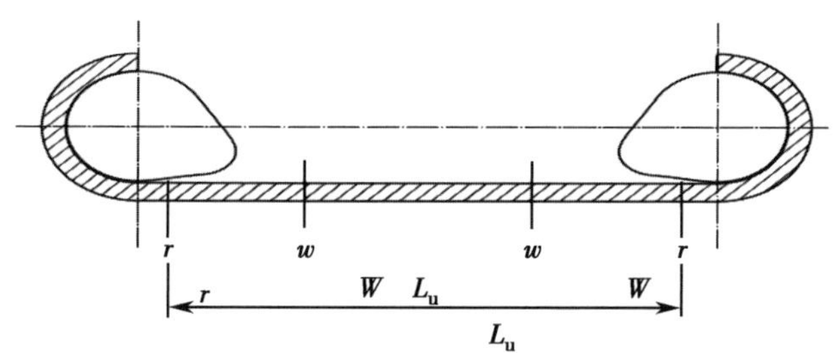

说明：

r——标准试验时的限制标记；

L_u——试样被展直后，在无张力情况下测量的有效长度。

图 3-11　轮式夹具试验机测定公称直径小于 20 mm 绳索时试样有效长度 L_u

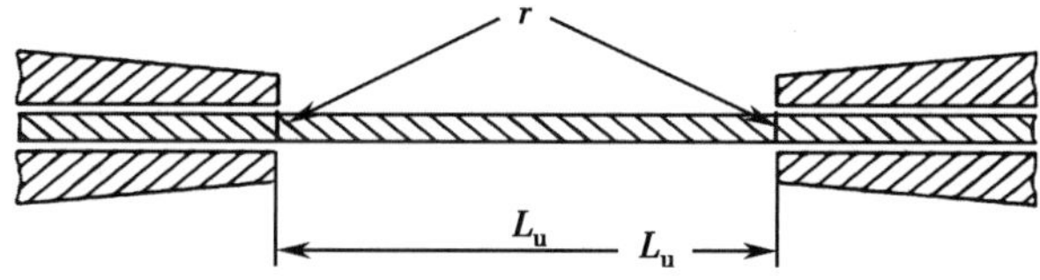

图 3-12　楔形夹具试验机测定公称直径小于 20 mm 绳索时试样有效长度 L_u

其单位为毫米。捻绳的捻距、8 股编绞绳与 12 股编绞绳的编绞距如图 3-1 至图 3-3 所示。测量图 3-10 及图 3-11 中两标记“w”间的距离。标距以 l_2 表示，单位为毫米，对试样施加预加张力并测量标距。

d）试验配套。测试断裂点前，给绳索施加 50% 的最小断裂强力并循环操作三次。除非是特定绳索的测试，否则测试速度一律为（250 ± 50）mm/min。

e）绳索伸长的测量。通过试验机的往复运动部件以匀速拉伸逐渐增加张力，除非是特定绳索的测试，否则往复运动部件的速度不应超过（250 ± 50）mm/min。当张力达到绳索最小断裂强力的 50% 时，测量两标记“w”间的距离（用于测量的停顿时间应尽可能短）。该距离以 l_3 表示，单位为毫米。经买卖双方事先同意，可采用绳索拉伸试验（达到 50% 的最小断裂强力）过程中所记录下来的载荷—伸长曲线作为参考。可以要求在一根特定的试样上测定伸长。在这种情况下，应按照国家标准 GB/T 8834—2016 中的附录 D 中列出的步骤，取得载荷—伸长坐标。

f）断裂强力的测量。以同样的速度继续增加张力，直至绳索断裂。记下断裂强力值及试样上发生断裂的位置（如果断裂发生在两标记“*r*”限定的区间之外，且断裂时记录的力值不低于最小断裂强力的 90%，那么就应用另一根试样重新进行试验。不应推断试样的真实断裂强力值为上述结果与 10/9 的乘积）。

g）结果的表示和说明。为方便读者理解，以下摘录作者主持起草的 GB/T 8834—2016 相关叙述：线密度、捻距、编绞距以及伸长的测量结果取批中每个试样测试值的算术平均值，断裂强力的测量结果以批中每个试样的断裂强力来表示，不计算平均值。线密度（以克为单位的每米净质量）单位为千特，由公式（1–1）计算而得；在预加张力时试样的长度由公式（1–2）计算而得；捻距 l_p 由公式（3–1）计算而得

$$l_p = \frac{l_n}{n} \tag{3–1}$$

式中：l_p——捻距（mm）；

l_n——同一股 n 个完整捻回的长度，对于编绞绳则为 n 个完整编绞的长度（见 9.4）（mm）；

n——若干个完整的捻回或编绞。

伸长率以 E（百分率）表示，由公式（3–2）计算而得

$$E = \frac{l_3 - l_2}{l_2} \times 100\% \tag{3–2}$$

式中：E——伸长率（%）；

l_3——张力为额定最小断裂强力的 50% 时的标距（mm）；

l_2——预加张力下的标距（mm）。

伸长的测量结果取批中每个试样测试值的算术平均值。实际断裂强力以千牛为单位，并标明断裂是否发生在两标记“*r*”之内。试样在两标记“*r*”限定的区间范围之外发生断裂时，如果断裂时所记录到的力不低于最小断裂强力的 90%，该试样被认为符合断裂强力技术要求；在这种情况下，不需要将试验过程中实际记录值以外的断裂强力作为报告值。断裂强力的测量结果以批中每个试样的断裂强力来表示，不计算平均值。

h）试验报告

参考 GB/T 8834—2016 中的第 11 章，摘录以下试验报告信息。

①与 GB/T 8834—2016 的关联；②根据 GB/T 8834—2016 第 10 章来表示试验结果；③计算结果时所用的各数值（除断裂强力值在②项中已被得出外）；④具体的

试验条件（试样的调节、所用试验机的类型、测定伸长率的步骤，如使用了 GB/T 8834—2016 附录 B 和附录 C 所述的方法，应予以说明）；⑤非本方法规定的具体步骤及可能影响结果的细节。

i）防水性、润滑油和处理剂含量、聚酰胺和聚酯绳索的热定型的测定

防水性、润滑油和处理剂含量、聚酰胺和聚酯绳索的热定型的测定分别参见 GB/T 8834—2016 第 12 章、第 13 章和第 14 章。

（6）高断裂强力绳索的特殊测定步骤

经有关各方同意，由无润滑剂处理的同一种材料且绳纱线密度相同的构成公称直径不小于 44 mm 的 3 股、4 股、8 股及 12 股绳索的断裂强力，可用 GB/T 8834—2016 附录 C 给出的方法，由绳纱的断裂强力进行计算，其条件是在测定绳纱的断裂强力之前，绳索在其他方面均已满足所规定的要求。为取得试验所需的绳纱，将足够长度的一段绳索解捻，解捻时避免绳索的各构成部分（绳纱、绳股）绕其自身纵轴线旋转。对于 3 股和 4 股绳索，至少需试验 15 条绳纱，其中 3 条绳纱应从股芯中选出；对于 8 股和 12 股编绞绳，至少需试验 8 条 S 捻绳纱、8 条 Z 捻绳纱（即至少试验 16 条绳纱）。除非其他特定绳索标准中有新规定，否则检测速度应为（250 ± 50）mm/min。将所选取的绳纱依次装夹在试验机上，在此过程中应采取必要措施，避免绳纱在试验前退捻。用所测结果的算术平均值，根据公式（3–3）计算被抽取绳纱的绳索的断裂强力 F_c。

$$F_c=F_y\times n\times F_r \tag{3-3}$$

式中：F_c——绳索的断裂强力（daN）；

F_y——绳纱的平均断裂强力（daN）；

n——绳索中的绳纱总数；

F_r——计算系数。

为方便读者阅读，参考 GB/T 8834—2016 中的附录 B 内容，摘录相关计算系数如下（表 3–3）。

表 3–3 计算系数

公称直径（mm）	计算系数 F_r^a					
	PET 绳索	PA 绳索	PP 绳索	混合聚烯烃绳索	蕉麻或剑麻绳索	PE 绳索
44	0.499	0.613	0.829	0.684	0.598	0.694
48	0.495	0.605	0.820	0.674	0.597	0.688
52	0.492	0.597	0.811	0.663	0.593	0.684

续表

公称直径（mm）	计算系数 F_r^a					
	PET 绳索	PA 绳索	PP 绳索	混合聚烯烃绳索	蕉麻或剑麻绳索	PE 绳索
56	0.488	0.591	0.803	0.652	0.590	0.681
60	0.486	0.585	0.795	0.640	0.588	0.677
64	0.484	0.579	0.787	0.640	0.586	0.673
72	0.478	0.569	0.775	0.631	0.580	0.667
80	0.474	0.560	0.764	0.627	0.577	0.661
88	0.470	0.552	0.757	0.621	0.573	0.656
96	0.467	0.544	0.745	0.615	0.569	0.650
104	0.463	0.538	0.739	0.599	—	—
112	0.460	0.532	0.732	0.596	—	—
120	0.457	0.526	0.725	0.596	—	—
128	0.455	0.521	0.718	0.596	—	—
136	0.452	0.517	0.714	0.595	—	—
144	0.451	0.512	0.707	0.594	—	—
160	0.446	0.507	0.702	0.586	—	—

注：a. 计算系数使用于 3 股、8 股和 12 股绳索。4 股绳索的计算系数较表中数据降低 10%。

（7）几种代表性合成纤维捻绳的断裂强力

在直径相同的前提下，由于绳索结构、制绳用基体纤维等因素的不同，绳索断裂强力也存在差异。目前，PA 捻绳、PET 捻绳、PP 捻绳和 PE 捻绳等代表性合成纤维捻绳已有国际标准（如 ISO 1969：2004、ISO 1346：2021、ISO 1140：2021、ISO 1141：2021、ISO 1181：2004 等）、国家标准或行业标准，各类绳索的技术特性可参见相关标准。图 3-13 表示几种代表性合成纤维捻绳直径与断裂强力之间的关系曲线。不同材料的捻绳，在直径相同的情况下，其断裂强力相差很大。在图 3-13 所示的捻绳中，PA 捻绳的断裂强力最高，其余顺次为 PET 捻绳、PP 捻绳、PE 捻绳，而 M2 捻绳为最低。合成纤维捻绳的断裂强力大大优于植物纤维捻绳［MSP 捻绳、M1 捻绳、M2 捻绳分别指 SP 级品马尼拉（Manila）麻捻绳、1 级品 Manila 麻捻绳、2 级品 Manila 麻捻绳］。人们在选用绳索时，不但要关注直径与断裂强力之间的关系，而且要关注绳索单位长度的质量。绳索单位长度的质量与断裂强力的关系如图 3-14 所示，以平衡绳索性能、成本、用途、工况等因素之间的关系，但绳索的安全性必须时刻放在第一

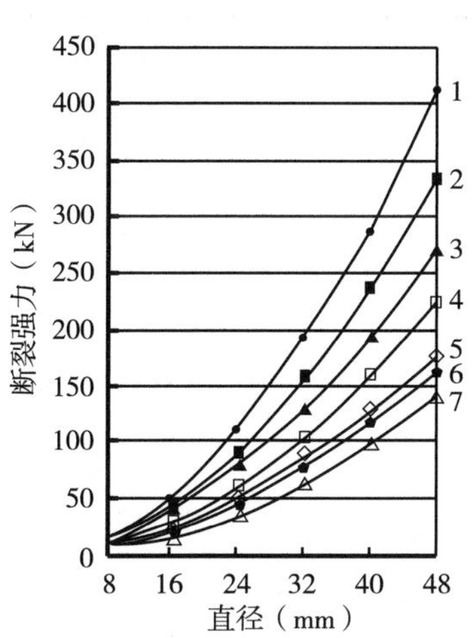

1. PA 捻绳；2. PET 捻绳；3. PP 捻绳；4. PE 捻绳；5. MSP 捻绳；6. M1 捻绳；7. M2 捻绳

图 3-13　3 股捻绳直径与断裂强力之间的关系曲线

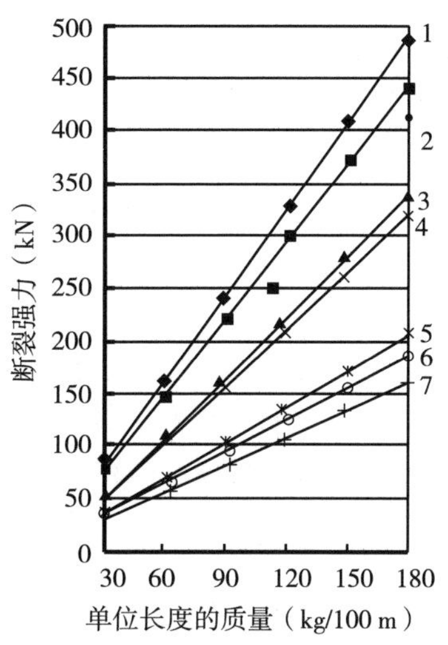

1. PA 捻绳；2. PET 捻绳；3. PP 捻绳；4. PE 捻绳；5. MSP 捻绳；6. M1 捻绳；7. M2 捻绳

图 3-14　3 股捻绳单位长度的质量与断裂强力之间的关系曲线

位，以免因小失大。

2. 纤维绳索的断裂长度

绳索自身重力等于其断裂强力值时所具有的长度称为绳索的断裂长度，符号为 L_d，一般以千米为单位。断裂长度是表示绳索强度的一个相对指标，按公式（3-4）计算绳索的断裂长度。

$$L_d = \frac{F_d}{\rho_x} \times 1\ 000 \tag{3-4}$$

式中：L_d——断裂长度（km）；

F_d——断裂强力（N）；

ρ_x——线密度（tex）。

因为断裂长度与绳索的规格无关，所以可用它来比较不同种类和结构绳索的断裂强力大小。断裂长度越大，绳索强力越大。根据编者前期出版的论著，表 3-4 列出了空气中各种纤维绳索的断裂长度值。由表 3-4 中可见，对各种结构的绳索，PA 长丝绳索强力最高。在同类结构的合成纤维捻绳中，强力最大的为 PA 长丝绳，其次为 PP 绳、PE 单丝绳、PET 长丝绳，最小的为聚乙烯醇（PVA）短纤维绳。实心编绳比相同质量的管形编绳的断裂长度要小。

表 3-4 空气中各纤维绳索断裂长度

绳索种类	制绳用基体纤维	断裂长度范围（km）	断裂长度平均值（km）
编织绳	PA 复丝（管形编绳）	30.0~31.4	30.6
	PET 复丝（管形编绳）	16.0~24.6	21.3
	PA 复丝（实心编织绳）	22.1~25.1	24.4
	PET 复丝（实心编织绳）	12.7~19.5	16.1
8 股编绞绳	Manila 麻（SP 级品）	10.5~12.8	11.4
	Manila 麻（1 级品）	9.6~11.6	10.4
	PA 复丝	26.5~32.0	28.4
	PET 复丝	17.3~19.1	18.3
3 股捻绳	椰棕	3.3~3.5	3.4
	西沙尔麻（Sisal）	8.9~10.1	9.6
	Manila 麻（SP 级品）	11.1~12.9	11.9
	Manila 麻（1 级品）	10.1~11.8	10.8
	Manila 麻（2 级品）	8.9~10.1	9.6
	PA 复丝	27.4~32.1	30.6
	PET 复丝	17.3~20.1	19.2
	PP 单丝或裂膜纤维	25.3~32.4	23.8
	PE 单丝	19.0~24.7	21.2
	PVA 复丝	15.0~23.8	20.0
	PP 单丝纺织纤维	20.5~24.0	21.3
特殊结构绳	PA 复丝 +PA 单丝（Atlas 绳）	31.0~33.9	32.8
	PA 双层编织绳（Samson 绳）	32.3~38.2	34.6

四、延伸性

材料在拉力作用下，产生伸长变形的特性称为延伸性。延伸性是一个比较复杂的性能，它包含多个方面的特性，如伸长、不同载荷下加载不同时间后的弹性、载荷大小与伸长之间的关系、能量吸收和韧性等。所有这些特性又随着制绳用纤维的质量、绳索结构和粗度、加载时间和加载大小等因素而变化，且试验结果还取决于试验方法（干或湿、有无预加张力、是否预定型、是否后处理）、试验机类型以及夹具类型等因素。这些特性和因素的内在关系增加了绳索延伸性的复杂性，现将弹性、韧度和伸长率简述如下。

1. 弹性

绳索在外力作用下产生变形，当外力卸除后，可恢复其原有尺寸的性质称为弹性。绳索在外力作用下，所产生的伸长由急弹性伸长、缓弹性伸长和塑性伸长等三部分组成。绳索总伸长值中，当外力卸除后可以恢复原状的伸长值称为绳索的弹性伸长，符号为 l_t；绳索弹性伸长包括急弹性伸长和缓弹性伸长两部分。绳索的弹性伸长中，当卸除外力后立即恢复的部分伸长值称为急弹性伸长，符号为 l_{jt}。这在 PA 长丝绳上表现尤为突出，在卸载时刻可产生瞬时的迅速回缩，在 PA 长丝绳操作过程中，因绳索滑脱或断裂而发生急速回缩是十分危险的。绳索的弹性伸长中，当外力卸除后，须经过相当时间才会逐渐恢复原状的部分伸长值称为缓弹性伸长，符号为 l_{ht}。假如载荷或外力极微小，有些绳索可以缓慢地恢复到原来的长度。在多数情况下，尤其是在一根新绳索经第一次加载后，不会完全恢复到原来的长度。绳索的总伸长值中，当外力卸除后，不能恢复原状的伸长值称为塑性伸长，符号为 l_s；塑性伸长又称永久伸长。塑性伸长是不可恢复的。例如，一根 PA 长丝绳和一根 Manila 麻绳都经受了它们断裂强力 70% 的载荷，卸载以后两周，塑性伸长分别为 7% 和 5%。又如一根 PA 长丝绳经受了相当于断裂强力 80% 的载荷，卸载以后立刻恢复的伸长约为 25%，10~14 天以后塑性伸长为 8%~12%。

通过以上对绳索伸长的分析，可知前两部分的伸长（即急弹性伸长和缓弹性伸长）为绳索的弹性伸长。但纤维绳索不像金属线那样有真正的弹性，金属线的拉伸变形或多或少与施加的载荷成正比，而且卸载以后立即恢复到原长。纤维绳索中的塑性伸长经常是结构上的伸长，这种情况在新绳索初次加载时尤为明显。例如 PA 长丝绳索由于纤维材料关系，弹性伸长所占比例是较大的，初次拉伸时塑性伸长能占总伸长的 50%。如果这类绳索使用于固定长度的地方，如深远海养殖网箱的网纲、拖网渔具的上下纲，在装网前要把新绳索作适当的拉伸，以去掉伸长中不可恢复的部分。此外，在绳纱加捻而成绳股和绳股加捻成绳索时，需要规定使纤维伸长的张力值。当绳索从这个张力下松开时，绳索和绳股都要恢复它们原来的长度，同时绳索就收缩。如果绳索在加捻过程中能较好地相互调节，就能减少这种收缩。但对合成纤维绳索来说，在载荷—伸长试验初始低载荷阶段仍可能有高的伸长，这是因为新绳索制造以后立即收缩。基于上述情况，在网纲装配前宜将绳索从绳卷取出，在平面上摊开一段时间后再进行装配。

2. 韧度

材料在外力作用下产生变形而吸收功的特性称为韧性，其大小用韧度表示。韧度是表示韧性的指标，一般用材料拉伸曲线下的面积值来表示（见图 3-15）。韧度在数值上等于将绳索拉伸至断裂或拉伸至规定的伸长值时所耗机械能。当强力试验机产生一个力作用于绳索，使绳索产生伸长时，说明试验机输出了一定量的功而被绳索吸收了。如果载荷卸除后，绳索恢复这种伸长需做产生伸长时所吸收的相同数量的功。换言之，储存在伸长绳索中的势能将转换成动能。绳索拉伸至断裂或拉伸至任意载荷时的韧度可以从载荷—伸长曲线图（见图 3–15）上得到，按公式（3–5）计算绳索的韧度。公式（3–5）中的面积系数 Q 系数对于不同的材料、不同结构的绳索是不同的，可通过大量的实践试验来获得相关面积系数。

$$\psi=\frac{P\times l\times Q}{1\ 000} \tag{3-5}$$

式中：ψ ——韧度（J）;

P ——负荷（N）;

l ——绳索试样的伸长（mm）;

Q ——面积系数（图 3–15 中阴影面积 $0B_MC_M$ 与矩形 $0A_MB_MC_M$ 面积的比值或 $0B_{PA}C_{PA}$ 与矩形 $0A_{PA}B_{PA}C_{PA}$ 面积的比值）。

图 3–15 和表 3–5 为 Manila 麻绳与 PA 长丝绳载荷—伸长曲线及对比的规格和数值。

表 3–5　Manila 麻绳与 PA 长丝绳韧度的比较

项目名称	绳索种类	
	Manila 麻绳	PA 长丝绳
名义直径（mm）	24.0	23.5
质量(g)	365	348
80% 断裂载荷（kN）	25.09	84.08
在 80% 断裂载荷时的伸长（%）	8.6	40.02
图 3–15 中载荷—伸长曲线下阴影部分 $0B_MC_M$ 的面积	886	8 738
图 3–15 中 $0A_{PA}B_{PA}C_{PA}$ 矩形面积	2 193	34 580
面积系数 Q	0.40	0.25
Manila 麻绳韧度 /PA 长丝绳韧度之比	1	9.8

图 3–15 和表 3–5 中的 Manila 麻绳与 PA 长丝绳是纤维绳的两种极端情况，在载荷为断裂强力的 80% 时，PA 长丝绳的韧度比 Manila 麻绳的韧度高 9.8 倍，因此，绳索韧度的大小很大程度上取决于绳索基体材料的种类、绳索质量、绳索规格和绳索结构等因素；绳索韧度的大小有时也取决于绳索的伸长。通常 PA 长丝、PP 长丝

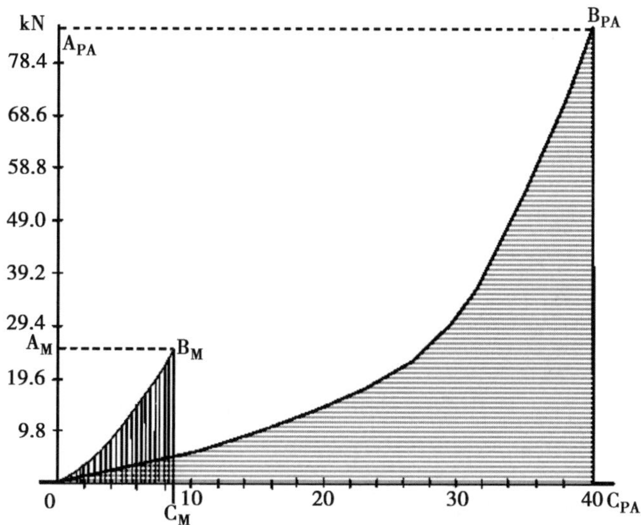

图 3–15　Manila 麻绳和 PA 长丝绳索的载荷—伸长曲线

和 PP 单丝所制成的绳索韧度极高，而钢丝绳和植物硬纤维绳索韧度较低。韧度反映了绳索抵抗冲击和突变载荷的能力；绳索韧度越高，绳索抵抗冲击和突变载荷的能力越强。在渔业生产上，人们应根据网具的具体情况，选择合适韧度的网纲。

3. 伸长率

无特殊说明的情况下，绳索的伸长率按 GB/T 8834—2016 的规定执行，并按本章公式（3–2）计算出绳索的伸长率。因生产、贸易或技术交流等需要，人们有时还需获得某一负荷作用下的伸长率，该伸长率可由公式（3–6）计算而得（标距的测量结果取批中每个试样测试值的算术平均值）

$$E_x = \frac{l_{3x} - l_2}{l_2} \times 100\% \tag{3-6}$$

式中：E_x——某一负荷作用下的伸长率（%）；

l_{3x}——张力为某一负荷时的标距（mm）；

l_2——预加张力下的标距（mm）。

绳索被拉伸到断裂时所产生的伸长值对其原长度的百分率称为绳索的断裂伸长率，符号为 E_d，以百分号为单位。断裂伸长率可由公式（3–7）计算而得（标距的测量结果取批中每个试样测试值的算术平均值）

$$E_d = \frac{l_{3d} - l_2}{l_2} \times 100\% \tag{3-7}$$

式中：E_d——最小断裂强力作用下的伸长率（%）；

l_{3d}——张力为最小断裂强力时的标距（mm）；

l_2——预加张力下的标距（mm）。

ISO 2307：2005 国际标准建议规定每根绳索在额定最小断裂强力的 50% 作用下，绳索长度的增加值作为绳索的伸长，绳索对应的伸长率按公式（3-2）计算。因为一般绳索的使用载荷不会超过断裂强力的 20%~25%，所以以 50% 的额定最小断裂强力时的伸长值作为参考基准，显然对大多数实际情况而言是相当高的。绳索伸长率的测定参见上文、GB/T 8834—2016 国家标准或 ISO 2307：2019 国际标准。绳索结构对伸长有一定的影响。例如在绳索断裂时，4 股 PA 捻绳的伸长比 3 股 PA 捻绳的伸长大 5% 左右；复合捻绳伸长特别大，Manila 麻复合捻绳的伸长可大于 50%，合成纤维复合捻绳的伸长可达 100%。实心编织绳伸长比管形编绳大。捻绳与管形编绳的伸长没有明显区别，它们的伸长分别取决于捻距和编织的紧密度等加工工艺。在实际生产中，人们可以通过调整绳索加工工艺来生产适当伸长的绳索。

绳索伸长测定是在标准规定的强力试验机上进行。在试验开始前，在试样上做好长度标记，试验时随载荷增加，试验机停在所要求的载荷值上，并测量标记间长度的增加值；也可在试验过程中记录载荷—伸长曲线，得到绳索的伸长值。按 ISO 2307：2019 或 GB/T 8834—2016 附录 D 规定的方法取得载荷—伸长曲线图，即将试样装在绳索强力试验机上，加负荷 10 次，每次加至最小断裂强力的 50%，加载与卸载的速度应符合 GB/T 8834—2016 的规定，满负荷及空载的保持时间应尽可能短；在第 10 次负荷完全卸载后，应维持空载 1 h，然后按 GB/T 8834—2016 的规定施加相应的预加张力；当试样处于预加张力下时，应在绳索上以适当的距离作两个标记。增加张力并记录负荷—伸长坐标，直至额定最小断裂强力的 50%；在试验过程中，试样不应受任何干扰或从试验机上取下。图 3-16 和表 3-6 表明了不同材料、结构的捻绳在不同载荷作用下获得的伸长值。由图 3-16 可见，绳索对载荷的抵抗力越大，曲线倾斜越陡。PET 长丝绳索和 PP 裂膜纤维绳索在应力作用下对伸长的抵抗力比 PA 绳索大得多，PA 绳索伸长的增加量与载荷增加不成比例，尤其在较低载荷范围内更明显。加载荷为 30% 的断裂强力时，几种合成纤维 3 股捻绳的伸长同 Manila 麻捻绳做比较，结果如下：假定 Manila 麻捻绳伸长率为 1，则 PA 长丝绳索为 4.9；PE 单丝粗绳为 3.2；PE 单丝细绳为 2.1；PP 单丝绳索为 2.7；PP 裂膜纤维绳索为 1.8；PET 长丝绳索为 1.1。上述分析表明，不同种类绳索的伸长有很大区别，大伸长率绳索特别适用于经受冲击和振动的场合，而小伸长率绳索适合于承受静载荷场合。对深远海养殖用网纲而言，因采用钢结构的深远海养殖装备需要网具的形变较小，因此，要优选 UHMWPE 绳索等小伸长率绳索作为深远海养殖用网纲。

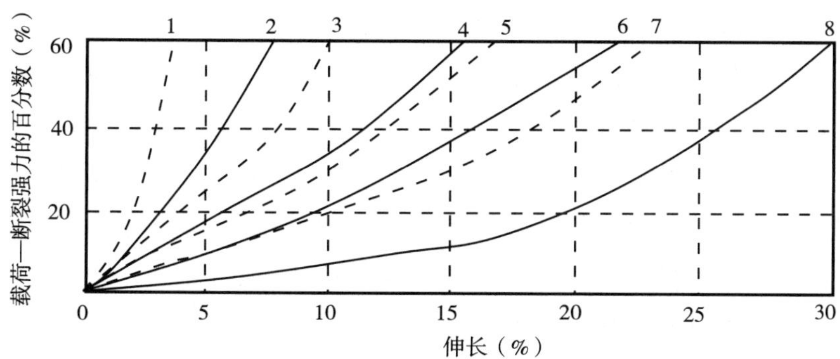

1. 6股混合绳（钢丝+PP单丝）；2. Manila麻；3. PET长丝；4. PP裂膜纤维；5. PE单丝细绳；6. PP单丝；7. PP单丝；8. PA长丝

图 3-16 不同材料和结构的绳索在预加张力下的载荷—伸长曲线

表 3-6 3股捻绳在不同载荷下的平均伸长率

序号	绳索种类	试验条件	试验次数	平均伸长率（%） 载荷为断裂强力的百分数						
				5%	10%	20%	30%	40%	50%	60%
1	PA长丝绳索	干态，加预加张力	26	7.1	12.5	19.6	23.3	26.1	28.5	30.4
2	PET长丝绳索	干态，加预加张力	21	0.8	1.6	3.4	5.0	7.3	9.1	10.1
3	PET单丝绳索	干态，加预加张力	36	2.4	4.8	9.2	12.7	15.8	18.8	21.7
4	PP裂膜纤维绳索	干态，加预加张力	8	1.8	3.1	5.5	8.5	11.6	13.6	15.6
5	PE单丝绳索，直径≤14mm的细绳	干态，加预加张力	31	1.5	3.1	6.8	9.9	12.5	14.6	16.8
6	PE单丝绳索，直径较粗绳	干态，加预加张力	18	2.2	5.1	10.8	15.1	18.3	21.0	23.4
7	Manila麻绳	干态，加预加张力	23	0.8	1.7	3.3	4.7	5.8	6.8	7.7
8	Manila麻绳	干态，加预加张力	15	2.4	3.8	5.6	7.0	8.1	9.1	9.9
9	Manila麻绳	湿态，加预加张力	50	2.3	4.2	6.5	8.0	9.2	10.0	10.6
10	Manila麻绳	湿态，加预加张力	22	6.9	10.2	12.9	14.6	15.7	16.5	17.2

绳索作伸长试验时，需要在适当的预加张力下在试验机上确定试样的长度。由于各类绳索的断裂强力不同，预加张力数值也可以用不同的绳索断裂强力的百分数表示，对 Manila 麻绳约为 2%，PA 绳索约为 0.6%，PET 绳索约为 0.8%，PP 单丝绳索约为 0.9%，PE 单丝绳索为 1.0%~1.2%。虽然预加张力数值不大，但检测伸长时是否加预加张力，其结果将有差异；因为大多数绳索在低载荷时，尤其在湿态下，总伸长较明显（见表 3-6），因此，对同一试样而言，加预加张力试样的载荷—伸长曲线与没加预加张力相比，前者有一个相当陡的斜度。表 3-7 列出了直径 13 mm 的 PA 长丝 3 股捻绳和直径 16 mm 的 PP 裂膜纤维绳索是否加预加张力下的伸长率比较。绳索结构对伸长也有一定的影响。例如，在绳索断裂时，4 股 PA 捻绳的伸长约比 3 股 PA 捻绳大 5%；复合捻绳伸长特别大，Manila 麻复合捻绳的伸长可大于 50%，合成纤维复合捻绳的伸长可达 100%。实心编织绳伸长比圆形编织绳大。捻绳与圆形编织绳两者伸长没有明显的区别，它们的伸长基本取决于捻距和编织的紧密度。

表 3-7　3 股 PA 长丝捻绳和 PP 裂膜纤维绳索在不同载荷下的伸长率比较

序号	3 股绳索种类	公称直径（mm）	试验条件	伸长率（%）						
				载荷为断裂强力的百分数						
				5%	10%	20%	30%	40%	50%	60%
1	PA 长丝捻绳	13	加预加张力	2.8	7.5	14.3	17.3	19.7	21.6	23.2
2	PA 长丝捻绳	13	无预加张力	7.9	12.9	18.9	22.9	25.6	28.0	29.9
3	PP 裂膜纤维绳索	16	加预加张力	1.6	2.8	5.3	9.0	11.7	13.1	14.9
4	PP 裂膜纤维绳索	16	无预加张力	2.2	3.8	6.6	9.6	12.7	14.8	16.4

对深远海养殖用网纲而言，因海况、养殖装备的结构形式、使用寿命要求等多种多样，在实际生产上可根据需要选择合适伸长率的网纲；对采用钢结构的深远海养殖网箱装备设施而言，为减小网纲长度变化，应选择小伸长率绳索、低伸长结构绳索等作为网纲，同时，在网纲装配前还需对网纲的伸长进行去结构伸长处理，此外，有时还需在网纲装配中对网纲采取预张力装配措施等。

第二节　深远海养殖用网纲使用性能及其破坏机理探究

与其他领域绳索相比，深远海养殖用网纲（以下简称“网纲”）使用过程中还会受到风、浪、流等外力作用，网纲使用环境恶劣，网纲的抗冲击性、耐磨性、疲劳性、蠕变性及耐老化性等性能因此会随时发生变化，这导致网纲的性能评价及安全性评估变得非常复杂。为了研发、选择和应用合适的网纲材料，迫切需要开展网纲使用性能及其破坏机理研究。本节对深远海养殖用网纲使用性能及其破坏机理进行探究，为进一步深入研究提供参考。

一、抗冲击性

未投入使用前，网纲的主要物理机械性能数据可以通过企业、标准或文献资料等获得。虽然上述数据对网纲的选择和评价非常重要，但在实际工况下不足以对网纲的综合性能做出最终评价。国内外技术人员对绳索材料的使用性能及其破坏机理已进行了一些试验或探究。网纲为一种装配在网具上的绳索，使用性能及其破坏机理探究完全可以参考绳索。基于上述原因，以下介绍绳索使用性能及其破坏机理探究，深远海养殖用网纲使用性能及其破坏机理可参照。

各类深远海养殖网具的力纲、延绳钓支线及各种捕捞渔具力纲等绳索在作业中都承受冲击载荷的作用。绳索的断裂强力和断裂长度、绳索伸长和弹性、沿绳索长度方向传递应力的速度等参数都影响绳索抵抗冲击载荷的能力。尤其是绳索的伸长和弹性对冲击载荷影响较大，高伸长和高弹性的绳索有类似弹簧一样吸收冲击能量的作用（参见本章第一节）。例如，PA 绳索有很高的强力和弹性，承受冲击载荷较好，而钢丝绳由于断裂伸长率较小，就不适合在承受冲击载荷的场合使用；另外有部分冲击载荷在整根绳索中以独特的速度传递，这种传递速度在很大程度上取决于绳索的种类和材料。冲击载荷在 PA 绳索和 PET 绳索中的传递速度约为 152 m/s，在 PP 绳索中的传递速度为 61 m/s，在 PE 绳索中的传递速度为 4.6 m/s。由于 PE 绳索以非常慢的速率传送应力，冲击载荷的大部分能量转变成可达到熔点的热量，因此，PE 单丝绳索在具有冲击载荷的场合不适合使用。绳索吸收冲击载荷能量的能力还随冲击力、冲击速度的大小而变化，因此，冲击载荷可以在比断裂强力小得多的情况下使绳索发生断裂，在网具等绳索设计时尤其要注意这一点。基于上述情况，人们选用抗冲击好的绳索作为攀岩绳、清洗绳、登山绳、消防绳和登高安全保护绳等（见图 3–17）。

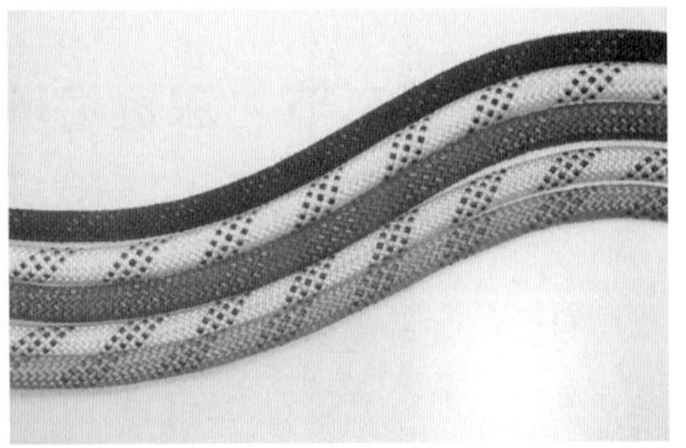

图 3–17 抗冲击好的绳索

目前，渔用绳索尚无国家标准、行业标准或团体标准，其抗冲击性试验可参考《安全带测试方法》(GB/T 6096—2009)。绳索耐冲击载荷作用的能力可通过冲击试验机进行试验（图 3–18）。例如，直径为 6 mm 的 PE 捻绳（断裂强力为 3.92 kN），当 13.7 kg 的重锤从 1.5 m 的高度落下，可使其断裂；直径为 24 mm 的 PA 圆形编绳（断裂强力为 94.57 kN），当 865 kg 的垂锤从 1.5 m 的高度落下，可使其断裂。当绳索在冲击载荷作用下没能断裂时，冲击载荷对绳索的破坏作用仍然存在，它增加了绳索的永久伸长并减少了韧度。绳索每次冲击作用后，由于其弹性伸长减少、韧度降低，以致绳索耐冲击载荷作用的能力降低，断裂的危险增加。在绳索使用中应记录绳索的使用情况，在条件许可的前提下对冲击后的绳索进行抽样检测，以防发生绳索断裂事故。深远海养殖用网纲在作业工况下会一直经受风浪流等的冲击，因此，应选用抗冲击性能好的绳索作为网纲，以提高深远海养殖的安全性和抗风浪性能。

图 3–18 几种冲击试验机

二、耐磨性

绳索的耐磨性在绳索的生产和使用中都起着重要的作用。绳索磨损的最主要表现为绳索结构的破坏和强力的损失。网纲等渔用绳索需承受高强度磨损，因此，耐久性是其性能中不可或缺的一环。渔用天然纤维绳索主要受到微生物的腐蚀而影响其使用寿命。由合成纤维制造的绳索耐腐性较高，其使用寿命主要是受磨损的影响。渔用绳索在使用时受到的摩擦包括绳索内部摩擦（绳股之间相互接触处的内部磨损）、绳索外表面与物体发生摩擦（如绳索与网箱框架或结构的摩擦、绳索与网衣或网线的摩擦、绳索与海底泥沙或砾石的摩擦、绳索与捕捞渔船甲板或滚动的摩擦），等等。绳股之间的内部磨损是由于绳索使用中经常处于弯曲应力作用下，绳股移动将导致彼此之间发生摩擦，其结果是使绳股接触处的纤维起毛、磨碎或磨断等。此外，绳索在使用时也会因为沙粒进入绳股之间的空隙而引起内部破坏。

绳索无论经外表面磨损或内部磨损都会使绳索强力降低，缩短使用寿命和使用期限。关于渔用绳索耐磨性的测定，最好是在捕捞作业等生产过程中，对绳索作跟踪调查和测试，这种实际试验是最有说服力的，但要花费很多时间，而且环境条件的变化导致绳索耐磨性测试结果的无可比性。在实验室进行模拟性耐磨试验，只能对几种绳索的耐磨性作相对比较，有时因测试方法不同，还会得出有矛盾的测试结果。因为绳索的耐磨性很大程度取决于测试方法，尤其取决于磨损材料和摩擦时在试样上所加的载荷。对一些布料或片材的测试有时参考《色漆和清漆耐磨性的测定　旋转橡胶砂轮法》（GB/T 1768—2006），在耐磨耗试验机上测试其耐磨性，这种测试结果与测试用砂纸、负载、转速及摩擦次数等因素有关。迄今为止，我国对绳索磨损试验没有国家标准或行业标准，绳索磨损试验机的种类繁多，导致测试结果差异很大（图 3–19）。

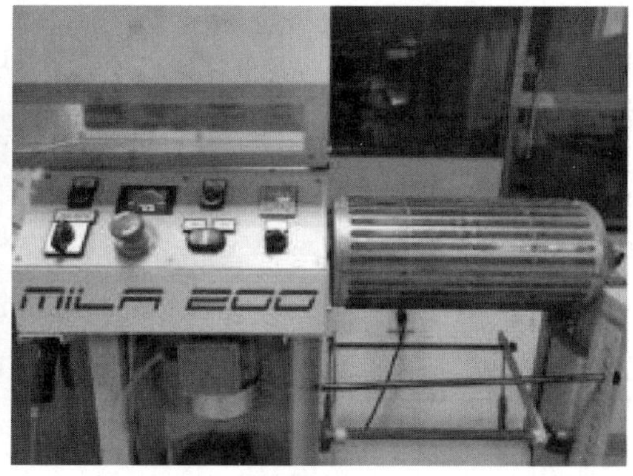

图 3–19　几种绳索磨损试验机

这里仅介绍若干研究方法和一些例子，对几种绳索的耐磨性作相对比较。例如，为了比较几种绳索对沙的耐磨性，进行下列两项试验。试验一的方法是用一根直径 14 mm 的绳索在垂直位置上把一端固定，并在下端施加重力，然后使绳索通过一个充满沙的圆管，使沙管上下移动，以致沙沿着绳索摩擦。在摩擦 2 000 次以后确定干态下断裂强力的损失值，并用其对原来干态断裂强力的百分比表示，其测试结果如表 3–8 所示。试验二的方法是用一根直径 24 mm 的绳索在一光滑表面经受干态摩擦，即绳索通过一部绞机的鼓轮，在重力作用下滑动 5 min，损失的断裂强力占原来断裂强力的百分数见表 3–9。以上仅针对各类绳索接触沙和金属光滑面的磨损情况，这不能完全反映出绳索的耐磨性。

表 3–8 各类绳索耐磨性比较

绳索材料	断裂强力的损失（%）	耐磨次序
PET 长丝绳索	5.8	Ⅰ
PA 长丝绳索	8.9	Ⅱ
PP 裂膜纤维绳索	33	Ⅲ
PP 单丝绳索	35	Ⅳ
PP 长丝绳索	46	Ⅴ
PP 单丝短纤维绳索	50	Ⅵ
PE 单丝绳索	55.4	Ⅶ
Manila 麻绳	6.7	Ⅷ
Sisal 麻绳	14	Ⅸ

表 3–9 各类绳索摩擦后的断裂强力损失

绳索材料	断裂强力的损失（%）	耐磨次序
PA 长丝绳索	4~12	Ⅰ
PET 长丝绳索	14	Ⅱ
PP 长丝绳索（无润滑剂）	52~53	Ⅵ
PP 长丝绳索（加润滑剂）	11~25	Ⅳ
PP 单丝绳索	32~44	Ⅴ
Sisal 麻绳	16	Ⅲ
PE 单丝绳索	100	Ⅶ绳索熔化

为分析比较不同绳索的耐磨性，编者课题组利用 MILA 200 型磨损试验设备（见图 3–20）开展了 3 股 PE 绳索、UHMWPE–F 绳索和 UHMWPE 绳索的耐磨性研究。特别需要说明的是，本节中作性能测试比较用的 UHMWPE 绳索均为一种普通超高分子量聚乙烯纤维制绳索，亦称（普通）高模量聚乙烯（HMPE）绳索、（普通）UHMWPE（纤维）绳索或（普通）UHMWPE（纤维）制绳索。当人们采用高性能超高分子量聚乙烯纤维制绳索（如 Dyneema® SK78 制缆绳）时，相关结论会因此发生变化，敬请

图 3-20　MILA200 型磨损试验设备

读者引用相关研究结论时一定要备注述及的试验条件，以免引起歧义或误解。上述绳索摩擦强力保持率（500 转）如图 3-21 所示，在不同载荷的摩擦下，UHMWPE-F 绳索均有较高强力保持率（85.39%~94.78%）。图 3-22 为公称直径为 6 mm 的 3 股 UHMWPE 绳索和 UHMWPE-F 绳索摩擦强力保持率（5 000 转），随着摩擦次数的增加，UHMWPE-F 绳索强力保持率下降了 18.17%，低于 UHMWPE 绳索（20.27%）。而 PE 绳索在此摩擦过程中出现断裂状况。由图 3-21 和图 3-22 可知，在同一载荷下，UHMWPE-F 绳索均保持着较高的强力保持率。此外，编者团队中的相关研究生论文结果也表明，随着附加载荷的进一步增加，UHMWPE-F 绳索磨损后的强力保持率变化最小，即耐磨性最好（参见孙斌研究生毕业论文《基于 UHMWPE 裂膜纤维的绳网

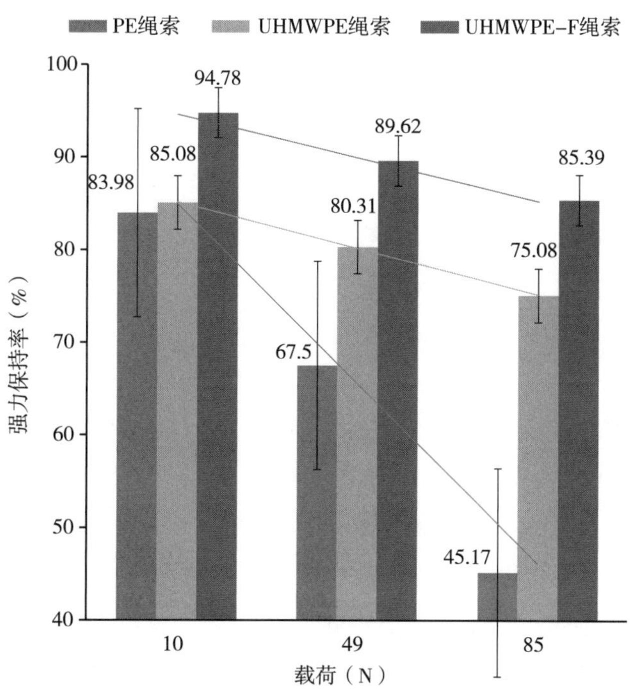

图 3-21　三种纤维绳索的摩擦强力保持率（500 转）

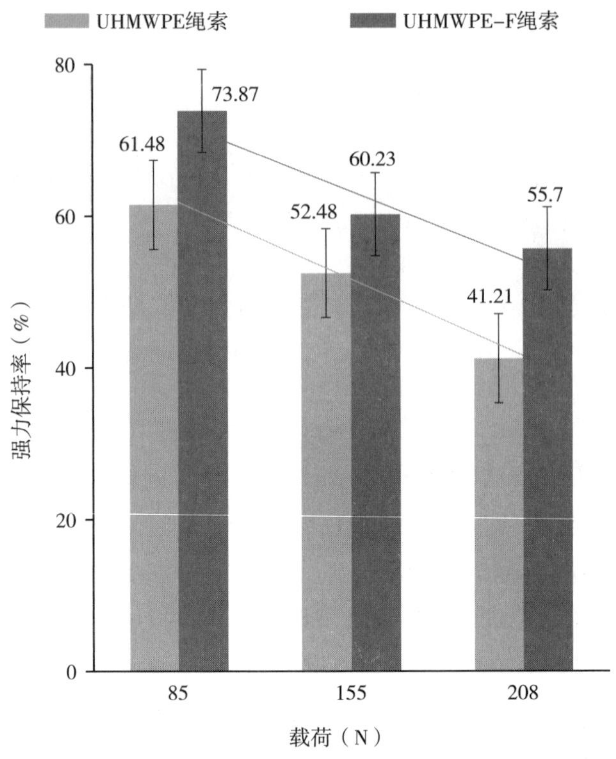

图 3-22　两种纤维绳索摩擦强力保持率（5 000 转）

性能研究》，指导老师石健高）。UHMWPE-F 绳索之所以在耐磨方面表现出明显的优势，最终归因于纤维硬度和弹性模量的增加，说明裂膜纤维本身就有着较高结晶度，高的结晶度提升了纤维的耐磨性；另外，裂膜纤维表面积更大，表面相对光滑，因此减少了绳索摩擦及磨损过程中纤维之间的彼此作用，也降低了绳索与其他接触面的摩擦系数；且制成同样规格的绳索，裂膜纤维绳索用料更少，纤维之间彼此摩擦作用力更小，从而导致 UHMWPE-F 绳索在摩擦过程中有着更小的强力损失。

绳索磨损时会产生热量，在预测绳索摩擦行为时需要考虑发热现象，且随着载荷以及摩擦时间的增加，绳索接触面产生的热量积累也会随之增加，摩擦面温度也会逐渐升高，热量的积累会导致纤维力学性能的退化，因此，摩擦会降低绳索的断裂强力、破坏其性能与使用寿命。摩擦试验过程发现，UHMWPE-F 绳索表面的摩擦热比 UHMWPE 绳索低，且表面纤维羽化毛化不是很明显，但是因为裂膜纤维的扁平结构，会导致摩擦表面磨断絮状物较多（见图 3-23）；并且在耐磨试验后，发现 UHMWPE 绳索磨损区域会出现硬化，当用力弯曲时，绳索会呈锐角（见图 3-24）。这是因为摩擦热软化了 UHMWPE 纤维，这些软化纤维在张力的作用下相互黏附形成纤维束。UHMWPE-F 绳索弯曲表现并不是很明显，可能归因于 UHMWPE-F 绳索本身的硬度就比 UHMWPE 绳索的硬度大。

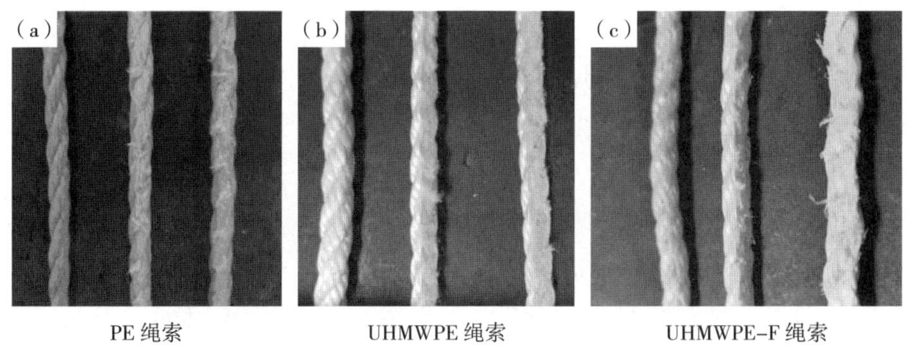

图 3-23 公称直径为 6 mm 的 3 种纤维绳索的摩擦表面

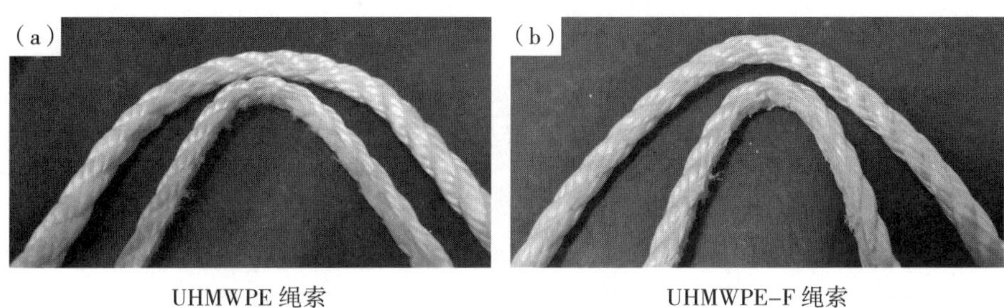

图 3-24 绳索磨损后外观的弯曲情况

图 3-25 为在干湿状态、不同载荷下公称直径为 6 mm 的 3 股 PE 绳索、UHMWPE 绳索和 UHMWPE-F 绳索的强力保持率。从图 3-25 中我们可以看出，湿态环境条件下，不同纤维结构绳索的强力保持率均升高，出现这样的原因，可能是在湿态环境中，水的润滑作用降低了绳索与摩擦面之间的摩擦系数，也降低了绳索内

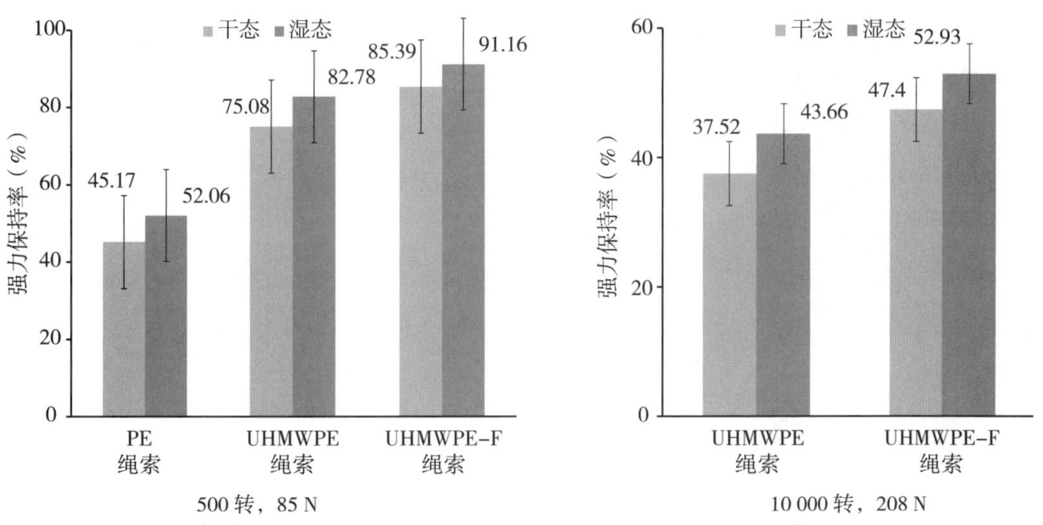

图 3-25 干湿状态下几种纤维绳索的摩擦强力保持率

部热量的产生，从而提高了绳索的强力保持率。在 85 N 载荷作用下旋转 500 转，UHMWPE-F 绳索的强力降为 13 770 N，但高于 PE 绳索（1 943 N）和 UHMWPE 复丝绳索（13 264 N）；UHMWPE-F 绳索的强力保持率升高了 5.77%，低于 PE 绳索（6.89%）和 UHMWPE 绳索（7.7%）。同样在 208 N 载荷作用下旋转 10 000 转，UHMWPE-F 绳索的强力保持率高了 5.53%，依旧低于 UHMWPE 绳索（6.14%），然而 UHMWPE-F 绳索有着较高的断裂强力（6 644 N），高于 UHMWPE 复丝绳索（5 629 N），即强力损失最小。UHMWPE-F 绳索纤维表面粗糙度低是其具有优良耐磨性的重要原因。

为评估 Dyneema® SK78 制缆绳的耐磨性能，荷兰 DSM 公司设计并制造了专用缆绳磨损测试机（图 3-26），用于评估缆绳外部磨损，对提升用于绞车、吊装和系泊的纤维性能提供有力支持。荷兰 DSM 迪尼玛技术中心开展了 Dyneema® SK78 制缆绳与普通 HMPE 缆绳的耐磨性研究，研究结果表明，Dyneema® SK78 制缆绳的耐磨性比普通 HMPE 缆绳高近 4 倍（图 3-27）。

Dyneema® 制作的高强度 Samson 120 mm Quantum™ 12 缆绳十分轻巧，其获得专利的 Samson DPX™ 纤维技术可提供卓越的抗磨损性和耐切割性，同时比其他 HMPE

图 3-26 荷兰 DSM 迪尼玛技术中心的耐磨性能测试机

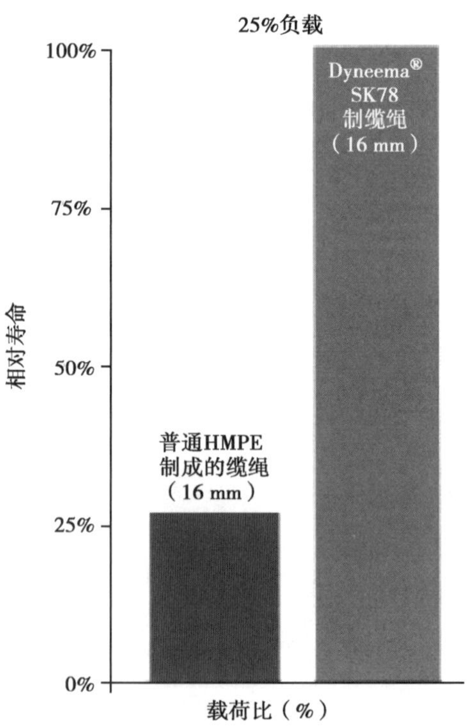

图 3-27 Dyneema® SK78 制缆绳与普通 HMPE 缆绳的耐磨性比较

缆绳具有更高的摩擦系数（图 3–28）。

Samson 120 mm Quantum™ 12 缆绳在完成 2/3 的现场紧张操作后会被轻微磨损（图 3–29）。通常，这不会降低缆绳的强度，并且其表面形成的绒毛可以保护缆绳免受进一步磨损。

图 3–28　Samson 120 mm Quantum™ 12 缆绳

图 3–29　轻微磨损的 Samson 120 mm Quantum™ 12 缆绳

三、疲劳性

绳索结构的疲劳极限是一种普遍的极限状态，其疲劳破坏是绳索结构最终失效的主要原因，因此，有必要对不同纤维结构绳索的张弛疲劳性能进行定性评估或分析研究。系泊绳索或渔用网具的使用是一项复杂的操作，会让系泊缆绳、网纲受到严重磨损或较强应力。风浪流等作用，会使系泊缆绳或网纲不断地运动。这意味着网纲或系泊缆绳承受的张力也一直在变化，致使材料疲劳并缩短使用寿命。纱线间和绳股间的不断摩擦将进一步加剧这一过程，例如，系泊缆绳在导览孔处的弯曲、深远海养殖用网纲在眼板或 H 钢等连接处的弯曲使之更加严重。养殖网箱、拖网渔具等渔业装备上的纲索除了受到长时间持续载荷作用，还受到多次反复加载卸载作用。例如，对拖渔船一般备有两顶拖网，它们轮流放网作业，一顶拖网经历受力阶段和与之相等时间的松弛阶段，并且作用在拖网上的应力是以持续载荷和反复载荷相结合的形式出现。在反复载荷作用下会使绳索伸长值继续增加，绳索在一定次数反复作用下会发生断裂。

GB/T 8834—2016、《钢丝绳索具疲劳试验方法》（GB/T 38814—2020）等标准提供了反复载荷试验方法，可为开展绳索反复载荷试验提供参考。用直径 14 mm 的几种纤维绳索按 GB/T 8834—2016 标准中提供的试验方法，加载到 75% 的标准断裂强力，使绳索在短时间间隔内承受 120 次反复加载卸载的试验，其测试结果如图 3–30 和表 3–10 所示。由图 3–30 和表 3–10 可见，PE 单丝绳和 Manila 麻绳分别在第 41 次、94 次时断裂；根据曲线图上拉伸曲线和松弛曲线在横坐标上的距离可估算弹性大小，上升与下降曲线之间距离小表示弹性高，上升与下降曲线之间距离大表示弹性低。PE 单丝绳、Manila 麻绳上升与下降曲线之间距离大，松弛曲线下降较陡，表示弹性低。在试验中加载和松弛是连续进行的，绳索试样在下一次加载前，弹性伸长部分没有机会得到恢复，所以伸长随每次连续加载而增加，松弛曲线从左向右顺次移动，PA 绳和 PET 绳伸长的增加非常小，即从第 1 次加载至第 120 次加载仅分别增加 2% 和 3%。PE 单丝绳加载到第 40 次，伸长增加 10%，随后它就发生断裂。由第 1 次和最后 1 次松弛曲线之间的距离可获得绳索蠕变值。由图 3–30 可见，PE 单丝绳蠕变最大，其次为 PP 长丝绳，再次为 PA 绳和 PET 长丝绳。可见，绳索基体材料弹性越大，绳索反复作用次数越多；绳索基体材料蠕变越大，绳索越易出现疲劳。在需要固定长度网纲的深远海养殖用网箱上，我们应优先选择弹性小、蠕变小的网纲，如 Dyneema® SK78 制缆绳等。

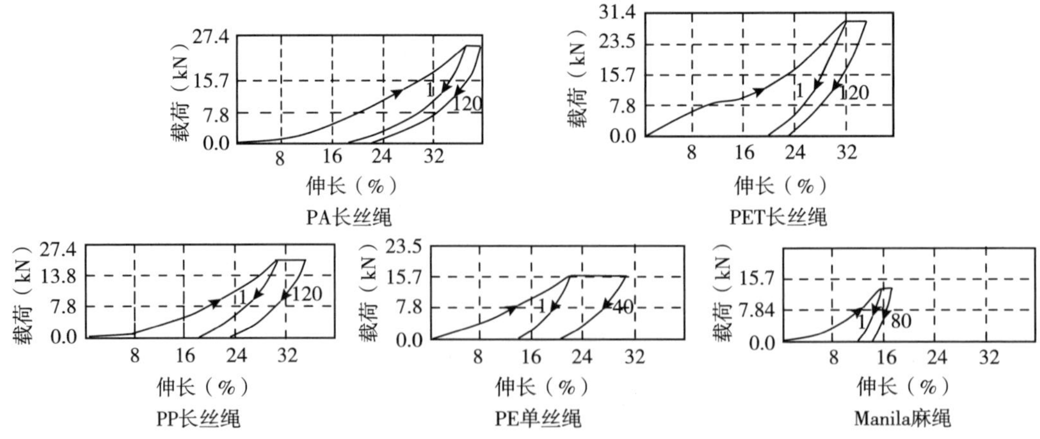

图 3–30　3 股捻绳在 75% 断裂强力反复载荷作用下的载荷—伸长曲线

表 3–10　直径 14 mm 绳索抵抗反复载荷 75% 断裂强力时的伸长

加载次数	PA 长丝绳	PET 长丝绳	PP 长丝绳	PE 单丝绳	Manila 麻绳
第 1 次	38%	30%	29%	21%	15%
第 40 次	39%	31%	32%	31%	17%
第 120 次	40%	33%	33%	+	+

注：+ 表示绳索已断裂。

为分析比较不同绳索的张弛疲劳性，编者课题组利用 INSTRON 8801 型动态疲劳试验机开展了 3 股 PE 绳索、UHMWPE 绳索和 UHMWPE-F 绳索的张弛疲劳性能研究（图 3–31 和图 3–32，美国产试验机）。

图 3–33 为公称直径为 6 mm 的 3 股 PE 绳索、UHMWPE 绳索和 UHMWPE-F

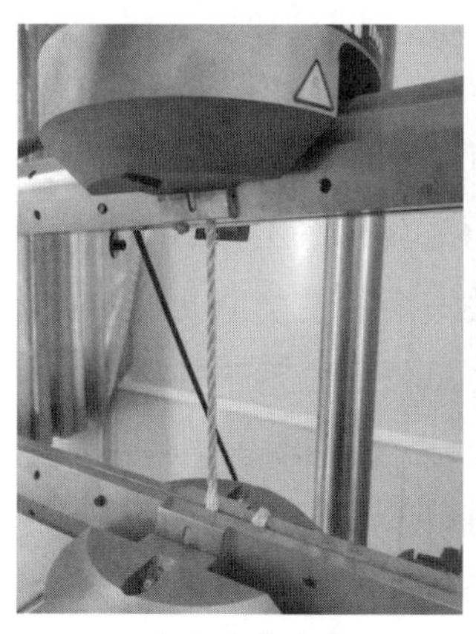

（a）疲劳试验　　（b）疲劳断裂

图 3–31　UHMWPE 绳索疲劳试验

（a）疲劳试验

（b）疲劳断裂

图 3–32　UHMWPE-F 绳索疲劳试验

绳索的断裂情况。通过试验测得在相同载荷水平下 UHMWPE-F 绳索循环拉伸 1 203 次发生断裂，超过 PE 绳索（26 次）和 UHMWPE 绳索（1 018 次）。在反复拉伸过程中，绳索表面温度升高，直径减小。和 PE 绳索、UHMWPE 绳索相比，UHMWPE-F 绳索直径变化最小。从绳索结构上分析，绳索的反复拉伸消除了线、股在编织过程中可能存在的张力不匀问题，使得绳索长度有所伸长，直径也有所减小。在上述几种绳索中，UHMWPE-F 绳索编织工艺较好，因此同等条件下其直径变化最不明显；由此可推测，如果在相同负荷等作业环境下，UHMWPE-F 绳索的疲劳寿命大于普通的 PE 绳索和 UHMWPE 复丝绳索，UHMWPE-F 绳索的安全性和可靠性更好。

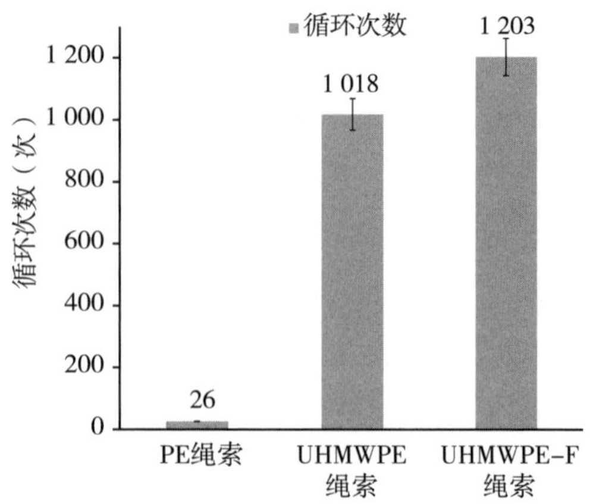

图 3-33 相同载荷水平下不同纤维绳索发生断裂时的循环拉伸次数

图 3-34 为公称直径为 6 mm 的 3 股 PE 绳索、UHMWPE 绳索和 UHMWPE-F 绳索在不同载荷水平下的 S-N 曲线，相关拟合疲劳方程如表 3-11 所示。在相同试验条件下，根据曲线斜率可以看出随着载荷水平的逐渐升高，3 种绳索的疲劳寿命均逐渐降低，说明在实际应用过程中，随着施加在绳索上应力的变化，会改变绳索的服务寿命，并且随着应力的增大，绳索的服务寿命会减小，并且在到达一定程度后，绳索会出现疲劳性断裂（参见图 3-31 和图 3-32）。此外，三种纤维绳索的疲劳寿命方程的相关系数都在 97% 以上，说明根据拟合的疲劳方程可很好地预测或者解释绳索在不同载荷水平下的疲劳寿命。根据拟合出来的方程斜率可以看出，不同载荷水平下应力对绳索疲劳寿命的影响程度，斜率绝对值越大，说明应力对绳索的疲劳寿命的影响也越大，即 UHMWPE-F 绳索对于应力敏感性最大。可见，在上述疲劳试验研究中，UHMWPE-F 绳索的抗疲劳性能优于 PE 绳索和 UHMWPE 绳索。

表 3-11 不同载荷水平下几种纤维绳索的 S-N 曲线拟合方程

绳索类型	回归系数			线性方程
	n	K	R^2	
PE 绳索	−2.35	7.41	0.99	$\lg N=-2.35\lg S+7.41$
UHMWPE 绳索	−2.03	7.90	0.98	$\lg N=-2.03\lg S+7.90$
UHMWPE-F 绳索	−3.77	12.4	0.99	$\lg N=-3.77\lg S+12.4$

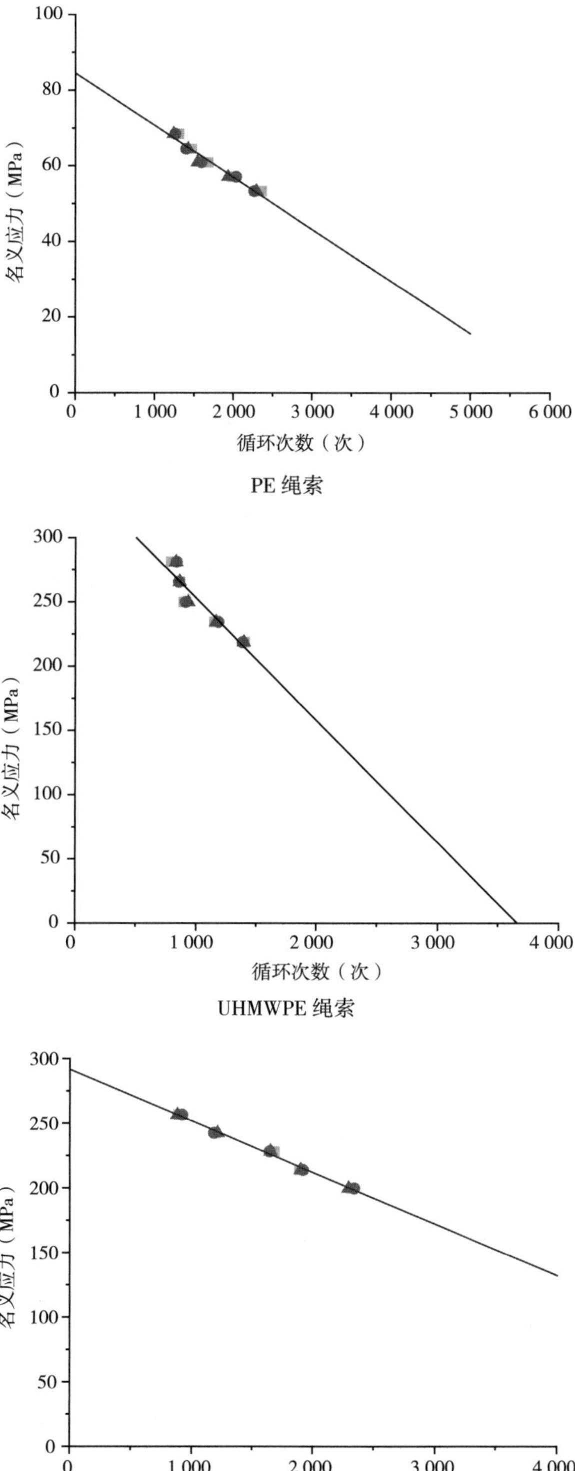

图 3-34　不同载荷水平下几种纤维绳索的 S-N 曲线

基体纤维材料对绳索的张弛疲劳性能影响很大，系统开展张弛疲劳性能研究非常重要和必要。荷兰 DSM 公司为研究绳索的疲劳寿命开发了精准模型，对 Dyneema® SK78 制系泊缆进行循环负荷建模，可以提高绳索使用寿命的可预测性，便于降低缆绳断裂的风险，从而提高了系泊的安全性。荷兰 DSM 公司利用带温控管炉的缆绳张弛疲劳测试装置及绕线夹具对 Dyneema® SK78 纤维及系泊缆等的疲劳寿命进行了系统研究，相关研究结果表明，Dyneema® SK78 纤维的疲劳寿命至少是普通 HMWPE 纤维的 3 倍——在纤维和成品缆绳层面都得到了证实（图 3-35 和图 3-36）。

测试装置

绕线夹具

图 3-35　带温控管炉的缆绳张弛疲劳测试装置及绕线夹具

图 3-36　Dyneema® 纤维制系泊缆

四、蠕变性

一般而言，所有合成纤维都对长期负荷敏感，这意味着在一定负载下合成纤维绳索的长度会随时间延长。绳索的上述现象称为蠕变——长分子间相互滑动，并最终缩短缆绳寿命的过程。蠕变现象存在于所有合成纤维中，而在 HMPE 纤维中最为突出。例如，在中东地区等高温环境中使用系泊缆时，蠕变率会加快，因此，准确预测随使用时间变化的缆绳性能尤为重要和必要。常规强力试验中绳索试样仅经受短时间的增加载荷的作用，而实际上绳索常常处在长时间的载荷（即持续载荷）作用下。在持续载荷下，绳索会继续伸长，其值会超过短时间试验所达到的值。在持续载荷作用下，经过一段时间会使绳索发生断裂，该断裂时的载荷要比标准断裂强力试验时的断裂强力值低得多。表 3-12 列出了直径为 7 mm 的几种主要纤维绳索在 25%、50%、75% 断裂强力持续载荷作用下的试验结果。由表 3-12 可见，上述纤维绳索中，仅 PET 长丝绳索、PA 长丝绳索、PP 单丝绳索和 PP 裂膜纤维绳索适合于在长时间持续高载荷的场合中使用，这就要求我们在深远海养殖用网纲等网具设计时选择合理种类、规格、纤维材料和编织结构的绳索，以确保网纲安全。

表 3-12　直径 7 mm 的各类绳索在持续载荷作用下的试验结果比较

绳索材料种类	载荷占断裂强力的百分比（%）	持续加载对绳索的影响结果
PET 长丝	25~75	不断裂
PA 长丝	25~75	不断裂
PP 单丝	25~75	不断裂
PP 裂膜纤维	25~75	不断裂
PP 长丝	25	不断裂
	50	不断裂
	75	10 天后断裂
PE 单丝	25	没有断裂
	50	2~4 周后断裂
	75	3~6 天后断裂
PP 单丝纺织纤维	25	没有断裂
	50	大多数不断裂
	75	约 1 天断裂
Manila 麻	25	没有断裂
	50	3~5 h 后断裂
	75	5 min 以后断裂
Sisal 麻	/	在持续的载荷作用下比 Manila 麻绳受的影响大得多，并更快断裂。

绳索除受到外力拉伸而破断外，还可能由于风浪流作用下的蠕变（施加恒定负载时随时间而伸长）引起拉伸、疲劳和磨损造成失效。为分析比较不同绳索的耐磨性，编者课题组利用意大利产 INSTRON-5581 型万能试验机（见图 3-37 和图 3-38）开展了 3 股 PE 绳索、UHMWPE-F 绳索和 UHMWPE 绳索的蠕变性研究。

图 3-39 给出了相同载荷水平下公称直径为 6 mm 的 3 股 PE 绳索、UHMWPE 绳索和 UHMWPE-F 绳索（1 500 N）的蠕变分析曲线。从图 3-39 中可以明显观察到 UHMWPE-F 绳索和 UHMWPE 绳索蠕变的两个阶段，即初始蠕变和定常蠕变，而蠕变破坏（即蠕变变形的第三个阶段）的发生则需要更长的时间和更大的外加应力。但是在相同时间、相同载荷下的 PE 绳索的蠕变行为未达到定常蠕变阶段，这说明 PE 绳索的抗蠕变性较差，主要因为与 UHMWPE 比起来，PE 分子量低、结晶度小、取向低，因此更容易产生分子间的滑移，其抗蠕变性差；在相同时间、相同载荷

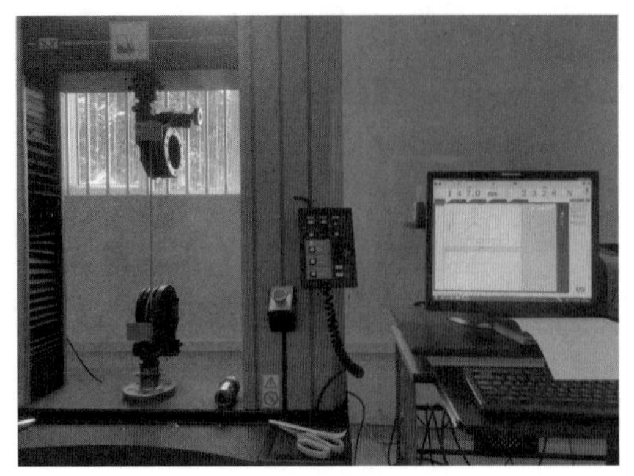

图 3-37 PE 绳索蠕变试验

图 3-38 UHMWPE-F 绳索蠕变试验

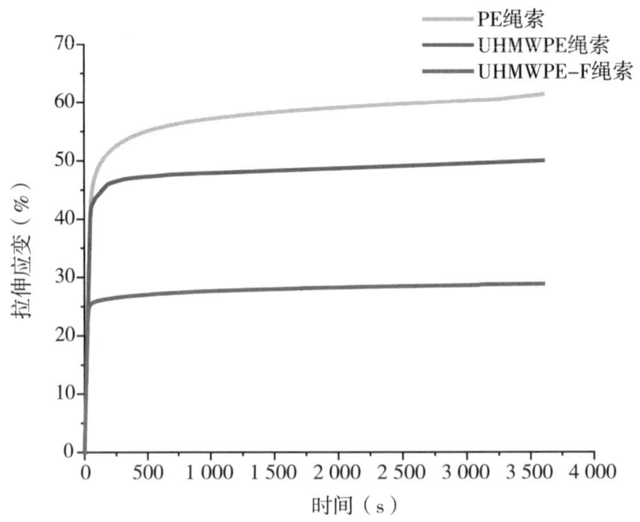

图 3-39 相同载荷水平下的几种纤维绳索的蠕变分析曲线（1 500 N）

下，UHMWPE-F 绳索的定常蠕变为 28.82%，远低于 UHMWPE 绳索（49.93%），这可能是因为 UHMWPE-F 绳索的裂膜纤维形态及编织工艺等因素提高了其刚度，限制了 UHMWPE-F 绳索长度变化。此外，在蠕变测试时间内，UHMWPE-F 绳索的直径变化小于 PE 绳索与 UHMWPE 绳索，这也说明 UHMWPE-F 绳索有着较好的稳定性和抗蠕变性能。综上所述，在需要网纲蠕变较小的深远海养殖领域，UHMWPE-F 绳索是一个很好的网纲品种。

图 3-40 为公称直径为 6 mm 的 3 股 PE 绳索、UHMWPE 绳索和 UHMWPE-F 绳索在不同载荷下的蠕变分析曲线。从图 3-40 中可以明显看出，随着载荷水平的增加，聚乙烯绳索的蠕变量随着定常载荷的增大而增大，这表明聚乙烯绳索具有明显的载荷相关特性。其中，UHMWPE-F 绳索的附加载荷由 40% 升高到 60%，

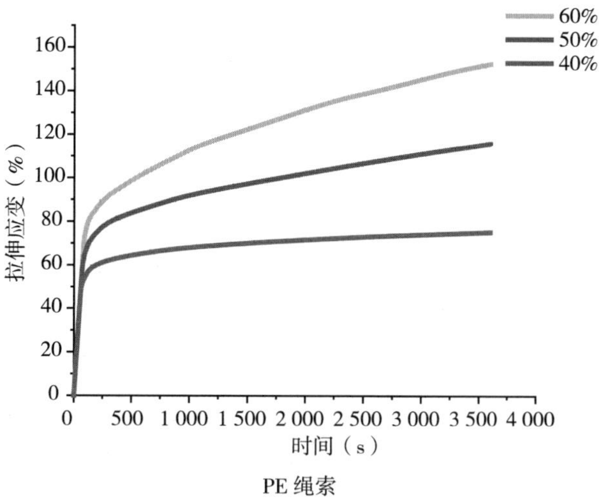

PE 绳索

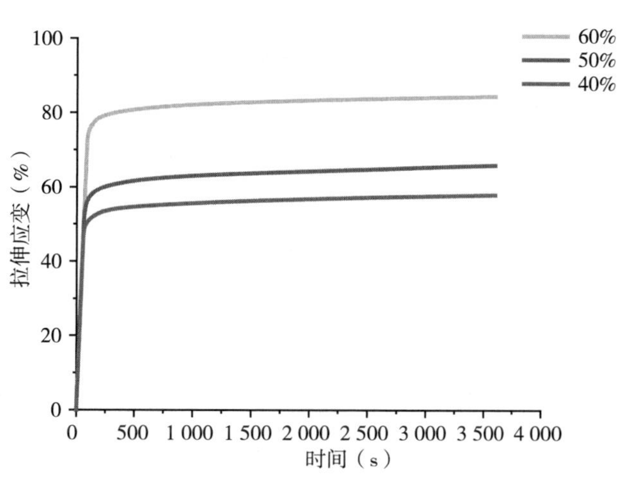

UHMWPE 绳索

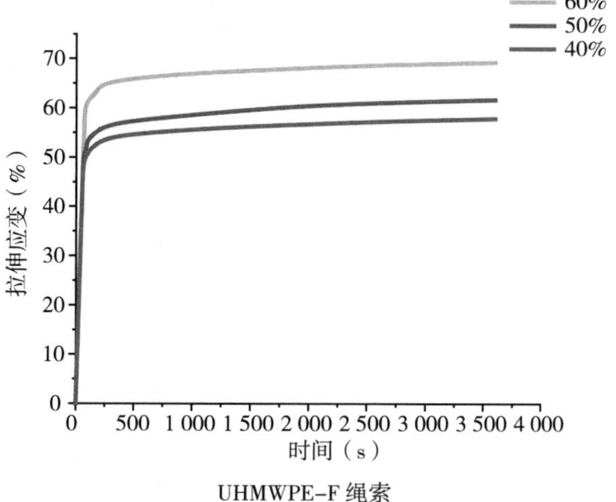

UHMWPE-F 绳索

图 3-40　不同载荷水平下几种纤维绳索的蠕变性能

拉伸应变升高幅度低于 PE 绳索与 UHMWPE 绳索，UHMWPE-F 绳索的拉伸应变最小（即抗蠕变性最好）。综上所述，UHMWPE-F 绳索具有较好的抗蠕变性能，其应用前景广阔。

荷兰 DSM 公司开发了 Dyneema® SK78 纤维，其蠕变寿命比普通 HMPE 纤维高达 4 倍，这在纤维和缆绳层面都得到了证实。HMPE 纤维的蠕变受纤维类型、环境温度和载荷的影响，高负载或高温会加速蠕变过程。HMPE 缆绳报废的时间取决于负载、温度和缆绳的线密度。不同类型的 HMPE 纤维在抗蠕变性和特性方面存在显著差异。Dyneema® SK78 纤维的蠕变速率最慢，重量最轻。在 1 000 kN 断裂强力下，Dyneema® SK78 制缆绳和普通 HMPE 缆绳的蠕变性比较如表 3-13 所示。由表 3-13 可见，Dyneema® SK78 制缆绳的蠕变寿命约为普通 HMPE 缆绳的 4 倍，这助力了 Dyneema® SK78 纤维在高端领域的创新应用。

表 3-13　一种 Dyneema® SK78 制缆绳和普通 HMPE 缆绳的蠕变性比较

纤维类型	缆绳线密度	蠕变负荷	温度	蠕变寿命
Dyneema® SK78	650 g/m	200 kN	20°C	8 年
普通 HMPE	650 g/m	200 kN	20°C	<3 年

为蠕变寿命研究开发了蠕变性能工具，该工具结合多个参数，包含 HMPE 类型、温度、时间和张力，借助此工具，荷兰帝斯曼集团能够预测蠕变速率和伸长率并预估使用。利用蠕变性能模型，荷兰 DSM 公司获得了使用 Dyneema® SK78 制系泊缆的船舶在高温系泊条件下的模拟结果，这在实际应用中得到了证实（表 3-14）。

表 3-14　使用 Dyneema® SK78 制系泊缆的船舶在高温系泊条件下的模拟结果

项目	天然气运输船的系泊条件	
	Dyneema® SK78	
缆绳比强度	1.5 kN/（g/m）	
24 小时均温（中东系泊条件）	30°C	
缆绳使用地点	港口内	暴露环境
平均负荷	20% 断裂载荷 300 MPa	30% 断裂载荷 450 MPa
负荷上下幅度	5% 断裂载荷 75 MPa	20% 断裂载荷 300 MPa

续表

项目	天然气运输船的系泊条件	
	Dyneema® SK78	
暴露环境	500 天	25 天
等效应力（组合）	336 MPa	
计算的蠕变寿命	632 系泊日	
计算的蠕变寿命（基于每年 12 次系泊，一次系泊 3 天）	17.4 年	

创新技术可延长 Dyneema® SK78 纤维的蠕变寿命。纤维的蠕变严重依赖于聚合物分子链间的滑移，而正是这种滑移意味着它可以在永久载荷下延长（蠕变）。借助 Dyneema® SK78 纤维，荷兰 DSM 公司发现了在纤维制造过程中既能保持聚合物分子链的滑移，又能减少使用时蠕变的方法，即通过改变分子链使这些长分子彼此之间不再出现明显滑动。

五、耐老化性

绳索在使用中除经受疲劳、磨损等破坏外，还经受老化等破坏，开展绳索耐老化性研究非常重要和必要。绳索及基体纤维在加工、贮存及应用等阶段，材料外观及性能均可能变差。例如，泛黄、光泽丧失、综合性能下降等，从而影响绳索及基体纤维材料制品（如网纲、网具、渔具、系泊缆等）的正常使用。这种现象称为高分子材料的化学老化（以下简称老化）。从化学的角度来看，高分子材料都具有一定的分子结构，其中某些部位具有一些弱键，这些弱键自然地成为化学反应的突破口。老化的本质无非是一种化学反应，即以弱键发生的化学反应为起点并引发一系列化学反应。老化可以由热、紫外光、机械应力、高能辐射、电场及氧、臭氧、水、酸、碱等一种或多种原因引起；其结果使高分子材料的分子结构发生改变及相对分子质量下降或产生交联，从而导致材料性能破坏早，以致无法使用、发生安全事故或给生产活动带来安全隐患等。材料抵抗光、热、氧、水分、负荷及辐射能等作用，而不使自身脆化的能力称为耐老化性。耐老化性用材料老化后的强力保持率（亦称老化系数）来表示，并以外观和尺寸变化程度（如绳索直径变化）作为相关参考指标。材料抵抗日光、降雨、温度、湿度和工业烟尘等气候因素综合影响的能力称为耐候性。耐候性用耐候试验后材料的强力保持率来表示。材料抵抗紫外光破坏作用的能力称为耐光性。耐光性用试样经曝晒一定时间后的强力保持率来表示。在高温或低湿度下环境，天然纤维绳索（如 Manila 麻绳索和 Sisal 麻绳索）会逐渐失去正常水分，纤维变得越来越脆，这样会造成上述绳索工作性能和断裂强力降低，温度对天然纤维绳索强力的影响在本书第三章中进行了详细论述。

在实际应用中，要区分每个因素对绳索材料耐老化性的影响非常困难，但实验室理论研究与实践经验表明，太阳紫外光是破坏绳索及基体纤维材料性能的最大因素。大多数纤维材料经日光长时间曝晒后，将引起硬化、脆化，断裂强力和伸长降低，导致使用周期与使用寿命缩短，给相关产品带来安全隐患。最常见的致老化因素为热和紫外光，因为绳索从生产、贮存、加工到制品（如渔具）使用，接触最多的环境因素便是热和阳光。在空气中热量的作用下，发生热氧老化；在大气中会同时发生热氧和光氧老化。高聚物（即高分子聚合物）与空气的氧化反应是“自动”进行的，所以称为“自动氧化”。高聚物对氧化降解的敏感程度除小部分取决于光的性质外，在很大程度上取决于其本身的组成及分子结构，甚至分子间的排列方式。任何高聚物材料的性能都是通过一定相对分子质量及其分布来达到的，而当高聚物受到自动氧化后，起初是分子结构发生了改变，这称为“降解”。广义而言，降解包括相对分子质量降低（断链）和相对分子质量增加（交联）。以上光氧化、热氧化、光降解、热降解等的结果和积累，则导致高聚物材料的老化。描述自动氧化反应必须考虑一系列反应，主要包括产生初级自由基的链引发反应、带来氧化产物的链增长和链支化反应、导致整个体系中消除自由基的链终止反应等。

对未加稳定剂和抗氧剂的绳索进行耐老化试验，是研究和评价各种渔用材料在一定环境条件下耐老化性和老化规律的一种有效方法，它对今后渔用材料选择和性能改进有重要意义。老化试验方法很多，目前最常用的有两种方法，一种是人工加速老化以下（以下简称人工老化）试验；另一种是天然大气老化试验（以下简称自然老化）试验。自然老化试验是根据当地纬度和季节，要在没有任何遮光物的情况下，以最佳角度使试样受到充分的太阳辐射，用阳光的小时数作为照射时间，经过一定时间曝晒后，进行断裂强力的测定，把该断裂强力与原来断裂强力的百分率作为强力保持率来衡量样品遭受损害的程度。在试验时期，样品在室外也受到其他气候因子的影响，要一并作测量和记录。人工老化试验方法可日夜进行，因此，人工老化试验比自然老化试验快得多。自然老化试验中，绳索断裂强力的下降在开始时易判断，但随时间的推移，在样品上逐渐堆积灰尘，这对试样起到了某些保护作用。尽管如此，这种试验中阳光对绳索的影响要比正常渔业使用中大得多。聚烯烃纤维作为渔用绳网用基体纤维材料，在我国已经普及应用。近年来，我国水产养殖业发展较快，深远海网箱、大型养殖围栏等水产养殖工具的推广应用，对渔用绳网材料的耐老化性提出了更高要求，长期暴露在大气中的绳网材料老化较快。渔用绳网材料在加工、贮存和使用过程中，由于受内外因素的综合作用，使性能逐渐变差，以致最后丧失使用价值，这就是渔用绳网材料的老化现象。为此，人们通过特定的主抗氧剂与辅助抗氧剂（如光稳定剂 LS 770、抗氧剂 1010 等）来抑制聚烯烃自引发和链支化反应，以提高聚烯烃纤维等渔用纤维的耐老化性。

合成纤维绳索的耐老化性与材料种类、粗度、着色、光照时间和光强度等因素有关。绳索材料种类不同，则其耐老化性不同。因为合成纤维材料是热塑性材料，所以它们的物理机械性能在某种程度上取决于温度，如温度达到材料的软化点，就会产生不可回复的损坏。特种合成纤维绳索中，芳纶绳索耐光性最好；普通合成纤维绳索中聚氯乙烯（PVC）绳索耐光性较好，即使把它暴露几年，仍有很高的耐光性。PA（长丝和短纤维）耐光性类似棉，PET、PVA、聚偏二氯乙烯（PVD）纤维和 PA 单丝耐光性较好。因为试验结果随地区和季节而异，而且不同厂商制造的纤维性质也不同。PP、PE 最初具有较低的耐光性，但加入茶多酚（TP）、生育酚、黄酮类、丁基羟基茴香醚（BHA）、二丁基羟基甲苯（BHT）、叔丁基对苯二酚（TBHQ）等氧化剂，它们的耐老化性能将会大大提高。高温对于芳纶绳索、PA66 绳索和 PET 绳索的影响比对其他合成纤维绳索材料小，只有当温度接近它们软化点时，其热塑性才变得明显。PP 绳索和 PE 绳索（尤其是 PP 绳索）对外部温度很敏感，会随着周围温度的增加逐渐变软。在 55℃的气温条件下经长时间阳光照射，对 PA66 绳索和 PET 绳索几乎没有影响；而对 PP 绳索持续加载，其蠕变现象有所增加；PE 绳索这时已逐渐变软，蠕变会大大增加，断裂强力可损失一半。因此，在热带海区、高温水域或深远海开放海域等地，须谨慎使用 PE 绳索及 PP 绳索。

绳索直径不同，则其耐老化性不同。耐老化性与绳索直径有关，一般绳索直径越大，受阳光照射后其断裂强力损失越小。因为紫外光的辐射仅穿透绳索表面以下 1 mm 左右，所以较小直径绳索中纤维受影响的百分比高于较大直径绳索。光强度对纤维绳索耐老化性有重要影响。绳索耐老化性不但与辐射持续时间有关，而且与光强度有关。光强度取决于绳索使用或存贮场所的地理位置，在热带等许多高温地区（如南海网箱养殖区），太阳辐射强烈且光照时间长，这样绳索断裂强力损失就大。所以在热带等高温地区对绳索的选择要注意材料的耐老化性。合成纤维绳索材料在空气中，光对其破坏作用超过浸在水中引起的破坏。这是由于光照一部分被水面反射，另一部分穿透到一定深度，穿透水深与水质透明度有关，在完全清洁的纯水中，水深 1 m 处只能发现有 47% 的阳光辐射，在用透明度板测得透明度为 8~12 m 的湖水中，仅 20% 的紫外光到达 1 m 深处，而在水深 5 m 处，已没有紫外光存在。因此，阳光在水中对绳索产生的老化作用比在空气中小得多。诚然，渔具的某些部位位于飞溅区，飞溅区的风浪流等条件恶劣，渔具的负载较大、绳网上附着物多，相关绳索更易发生老化疲劳、张弛疲劳、蠕变疲劳、磨损钩挂等，绳索（如网纲）等更容易遭到破坏，在相关绳索设计或选材时一定要考虑上述因素。着色剂对合成纤维绳索的耐老化性也有重要影响。为提高材料的耐光性，可采用着色或加抗光剂（如群青颜料、酞青蓝颜料）的方法。绳索材料经着色后，使用期可明显延长，这是因为着色增加了绳索材料对光的吸收作用。合成纤维经染色后的耐老化性试验表明，PE 材料采用绿色和橘红色耐光效果最好，PP 材料用黑色为最好。耐老化性试验仅显示了各类绳索相关性能的差别，但很少能准确说明它们在渔具或网箱实际应用中的使用周期或使用寿命。深远海养殖用网纲使用周期或使用寿命主要取决于实际应用中的作业环境、网纲负载、网具结构与规格、网纲与外部结构间的磨损、网纲的日常维护保养等。为保障深远海养殖用网纲安全，我们必须全面了解网纲使用条件、作业环境、网纲综合性能等情况，以便于提升深远海养殖业的安全性。

绳索人工老化试验可参照标准《塑料 实验室光源暴露试验方法 第 3 部分：荧光紫外灯》（GB/T 16422.3—2014）及相关文献（如论文“聚乙烯渔网材料的紫外老化与疲劳性能研究”等）。绳索材料人工老化耐候性测试前，参考 Z-UV 紫外老化试验箱的准备程序进行操作（图 3-41）。

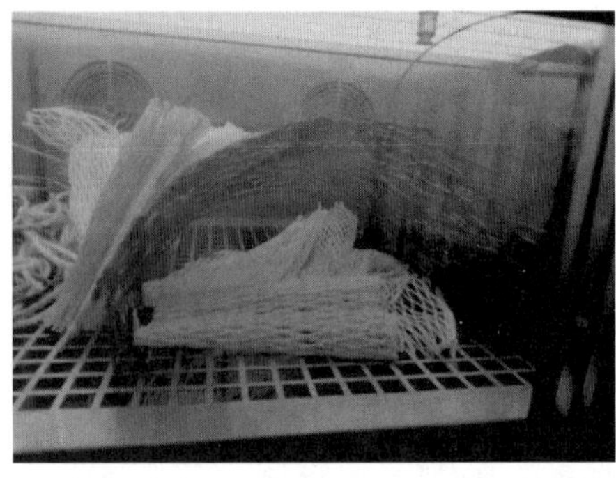

图 3-41 绳索、网片材料耐老化试验

把几种绳索材料试样分别绕在金属托架上，进行连续照射，定期取样；试样取样后在标准实验室平衡 24 h 以上，然后进行力学性能测试。绳索自然老化试验依据标准《合成纤维渔网线试验方法》（SC/T 4039—2018）及相关文献（如论文“渔用高强度聚乙烯单丝的耐老化性研究”等）进行。绳索自然老化耐候性测试前，将试样固定在曝晒架上，定期取样；试样取样后在标准实验室平衡 24 h 以上，然后进行力学性能测试。为了使绳索耐老化性测试方法具有科学性，参照各类材料的耐老化性测试方法，以一定老化时间后绳索试样的断裂强度保持率（F_{tbl}）与断裂伸长率保持率（ε_{dbl}）等多个指标来评价绳索材料的耐老化性，从多个角度对绳索材料的耐老化性进行分析研究。断裂强度保持率简称强度保持率，断裂伸长率保持率亦称伸长保持率。经过一定老化时间后，绳索材料被拉伸至断裂时，其单位横断面积上所承受的最大强力称为“绳索老化后断裂强度”，符号为 F_{tlh}，单位为“牛顿 / 特”或“厘牛 / 分特”；其对应的断裂伸长率称为“绳索老化后断裂伸长率”，符号为 ε_{dblh}，以百分比表示。老化试验前，绳索材料被拉伸至断裂时，其单位横断面积上所承受的最大强力称为“绳索老化前断裂强度”或“老化前绳索比强度”，符号为 F_{tlq}，单位为“牛顿 / 特”“厘牛 / 分特”；其对应的断裂伸长率称为“绳索老化前断裂伸长率”，符号为 ε_{dblq}，以百分比表示。上述绳索耐老化性的指标分别以公式（3–8）和公式（3–9）表示。

$$F_{tbl}=\frac{F_{tlh}}{F_{tlq}}\times 100\% \tag{3-8}$$

式中：F_{tbl}——一定老化时间后绳索的强度保持率；

F_{tlh}——绳索老化后断裂强度（N/tex）；

F_{tlq}——绳索老化前断裂强度（N/tex）。

$$\varepsilon_{dbl}=\varepsilon_{dblh}-\varepsilon_{dblq} \tag{3-9}$$

式中：ε_{dbl}——一定老化时间后绳索的断裂伸长率保持率（%）；

ε_{dblh}——绳索老化后断裂伸长率（%）；

ε_{dblq}——绳索老化前断裂伸长率（%）。

随着现代测试技术的发展，人们还利用人工老化前后红外光谱谱图来判别比较几种试样的耐候性，有兴趣的读者可参考编者课题组发表的相关文献（如论文“尼龙渔网材料的紫外光老化行为研究”等）。深远海养殖用网纲长期位于深远海养殖海域，这意味着网纲需要长期在大范围环境温度内作业。除海洋外部环境外，深远海养殖用网纲在风、浪、流及鱼类的碰撞等外部作用下的运动和张力也会产生内部摩擦，导致热量增加并提高绳芯温度。无论在静态环境还是动态环境下，荷兰帝斯曼集团开发的温度模型都可以准确预测绳芯温度。得益于 Dyneema® SK78 的特性和精确建模，相较于普通 UHMWPE 制缆绳，Dyneema® SK78 制缆绳能在更高的工作温度下安全使用。Dyneema® SK78 制缆绳可用于多种应用条件和环境，覆盖较大的温度和载荷条件变化范围。无论是用于深远海养殖装备，还是通用缆绳，Dyneema® SK78 材料都能承受高温波动，是深远海养殖用网纲最可靠的选择，而且适合在全球范围内使用。严寒温度也不会影响 Dyneema® SK78 制缆绳的刚度或强度，由 Dyneema® 纤维制系泊缆绳经过了 –40℃（俄罗斯亚马尔）的测试，即使在诱导弯曲的情况下，其断裂强力仍高于额定值（见图 3–42）。荷兰 DSM 公司开展了 Dyneema® SK78 制缆绳耐老化性研究，研究结果表明，高达 70℃的温度对缆绳的断裂强力几乎没有影响（图 3–43）。尽管个别纤维在高温下会失去一些强度，但缆

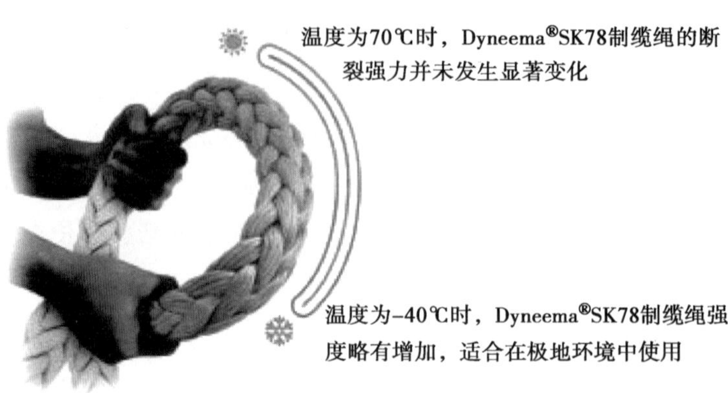

图 3-42 Dyneema® SK78 制缆绳的高低温性能

绳强度并不会以相同程度下降。荷兰 DSM 公司成功开发出高低温性能预测模型，可以精准预知 Dyneema® SK78 制缆绳在一定环境条件下的温度性能表现。基于上述分析，笔者建议在深远海养殖领域减少或不用 PE 网纲及 PP 网纲，而应更多使用综合性能好的网纲（如 Dyneema® SK78 制缆绳、DM20 制缆绳等），以确保作业安全。

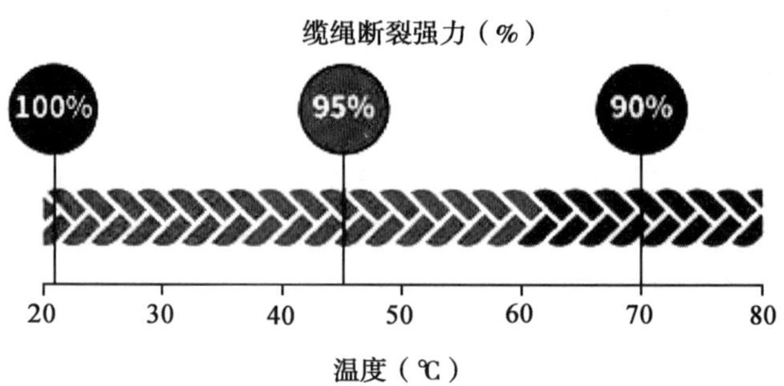

图 3-43 温度提高后 Dyneema® SK78 制缆绳的断裂强力

第三节 环境因子对深远海养殖用网纲等绳索性能的影响

在生产活动中，深远海养殖用网纲等绳索会受到光照、湿度、温度、化学药品或风浪流等外部环境因子的综合作用，这些对它们的性能及其使用寿命都会产生一定的影响。本节主要介绍温度、化学药品、光照、吸湿等环境因子对深远海养殖用网纲等绳索性能的影响。

一、温度对深远海养殖用网纲等绳索的影响

温度对深远海养殖用网纲等绳索的综合性能及使用寿命有直接影响。在高温或低湿度下，Manila 麻绳索和 Sisal 麻绳索会逐渐失去正常水分，纤维变得越来越脆，这样会造成上述绳索的工作性能和断裂强力降低，表 3-15 列出了温度对 Manila 麻绳索断裂强力的影响。除芳纶绳索等特种绳索外，其他纤维绳索对温度都很敏感，所以绳索应用、存储等过程中应尽量避免高温，特别不应与热的表面接触，更不应靠近热源附近存放（如存放于锅炉附近等）。因为细规格绳索处在外层的纤维比例相比粗规格绳索更高，所以细规格绳索比粗规格绳索受温度影响更大。摩擦、冲击载荷和反复弯曲等都能产生摩擦热量，这种热量将使绳索损坏的危险性随着纤维材料软化点温度的下降而增加。干态天然纤维绳索存在着自燃的危险，它们的着火温度为 165~260℃，取决于纤维类型和防腐剂的含量。火焰点燃以后能迅速沿天然纤维绳索长度方向传递。在着火点以下的温度燃烧没有火焰，但能烧焦材料。合成纤维绳索不会像天然纤维绳索那样燃烧，在达到着火点温度前开始熔化，于是它就失去了绳索的特性。在达到着火点温度后，已熔融的合成纤维便发生燃烧。在低温下的大量试验表明，植物纤维绳索在低温下的断裂强力损失相当，而合成纤维绳索则几乎没有影响。这是由于吸水量不同，在冰点温度以下植物纤维绳索变得比大多数合成纤绳索更硬，植物纤维绳索结成很硬的冰棍，而合成纤维绳索上的冰容易清除。

表 3-15　温度对 Manila 麻绳索断裂强力的影响

温度	断裂强力的损失
60℃	10%~15%
80℃	20%
100℃	45%

因为合成纤维材料是热塑性材料，所以它们的物理机械性能在某种程度上取决于温度，如温度达到材料的软化点，就会产生不可恢复的损坏。几种主要合成纤维材料的软化点温度如下：PET 为 200~250℃，PA6 为 170~180℃，PA66 为 220~235℃，PE 为 115~125℃，PP 为 140~165℃，PVAL 为 200℃，PVC 为 70~80℃，PVDC 为 115~160℃。由此可见，高温对于 PA66 绳索和 PET 绳索的影响比其他合成纤维材料小，只有当温度接近它们软化点时，其热塑性才变得明显。PP 绳索和 PE 绳索（尤其是 PP 绳索）对外部温度很敏感，会随着周围温度的增加逐渐变软。在温度 55℃下经长时间辐射，PA66 绳索和 PET 绳索几乎没有影响；而 PP 绳索在持续加载下，蠕变现象有所增加；PE 绳索这时已逐渐变软，蠕变会大大增加，断裂强

力可损失一半。因此，在热带地区、高温水域或深远海开放海域须谨慎使用 PE 绳索及 PP 绳索。

由图 3-43 可见，高达 70℃的温度对缆绳的断裂强力几乎没有影响。尽管个别纤维在高温下会失去一些强度，但缆绳强度并不会以相同程度下降。

二、化学药品对深远海养殖用网纲等绳索的影响

化学药品对网纲等绳索的性能及使用周期影响明显。像光和温度一样，纤维绳索耐化学药品的能力基本上取决于纤维的种类、绳索粗细等因素。一般细规格绳索所受化学药品的影响要比粗规格绳索大。化学药品对绳索的侵蚀随温度的升高而增加，在许多情况下也随化学药品浓度的增加而增加。用于绳索的主要纤维材料对化学药品的反应可概括为以下几个方面：植物纤维绳索可被大多数化学药品损坏，尽管程度有区别，但还是要避免任何化学污染。植物纤维绳索遇到各种酸性物会迅速受损，碰到强碱也会有破坏作用。如果化学溶液接触干燥绳索，即使化学溶液浓度相当低，也可以造成相当大的破坏作用。在常温下，特级汽油、煤、植物油、大多数矿物油包括重柴油和润滑油等化学药品对合成纤维绳索没有影响，而矿物油在 100℃时，可引起 PA 绳索断裂强力损失约 4%，PET 绳索断裂强力损失约 3%。PA 绳索在常温下对碱有抵抗力，但会被酸损坏，特别是当绳索接触酸和加热时更是如此。在常温下，PA 可溶解在苯、酚、85%~90% 的甲酸和高温高浓度的其他一些化学药品中。PA 能吸收大量的苯而使纤维膨胀，引起断裂强力的损失。PET 绳索可耐矿物质和有机酸的影响，但会受碱的侵蚀。40% 氢氧化钾热溶液、15% 碳酸钠和高浓度的阿摩尼亚都能溶解 PET。PP 绳索和 PE 绳索在常温下耐酸耐碱，但 PP 绳索能够被某些工业溶液（如二甲基苯和酚类）损坏。总之，一根绳索无论是接触到固体、液体还是气体化学品，都应立刻用水冲洗。应该注意保证绳索上没有干燥的化学品，特别是植物纤维绳索，化学品会引起其颜色的变化，并使纤维表面变得硬而脆。绳索的局部断裂强力下降或软化，表明绳索已受到不同程度的损坏，完全损坏可以使绳索化为粉末。表 3-16 列出了常温下一些化学品对几种纤维绳索断裂强力的影响。

表 3-16 常温下一些化学药品对几种纤维绳索断裂强力的影响

化学药品	浓度（%）	断裂强力的损失（%）		
		PA 绳索	PET 绳索	PP 绳索
盐酸（HCl）	0.5	8	—	—
盐酸（HCl）	10	28	—	—

续表

化学药品	浓度（%）	断裂强力的损失（%）		
		PA 绳索	PET 绳索	PP 绳索
盐酸（HCl）	34	100	10	0
硫酸（H_2SO_4）	0.5	10	0	—
硫酸（H_2SO_4）	10	37	0	—
硫酸（H_2SO_4）	96	100	100	0
磷酸（H_3PO_4）	10	5	3	—
硝酸（HNO_3）	66	100	30	0
醋酸（CH_3COOH）	2	0	—	0
醋酸（CH_3COOH）	100	14~15	5~8	0
甲酸（CH_2O_2）	90	100	5	0
氢氧化钠（NaOH）	40	10	100	10
氢氧化磷［$P(OH)_3$］	40	10	100	10
阿摩尼亚、氨水（$NH_3 \cdot H_2O$）	28% NH_3	11	8	—
碳酸钾（K_2CO_3）	20	3	0	—
次氯酸钠（NaClO）	5%Cl_2	—	5	15

三、光照对深远海养殖用网纲等绳索的影响

大气环境影响网纲等绳索的性能及使用周期。大气环境因子有风、雨、光、气温、湿度、空气污染及在绳索上的附着物等，其中以太阳辐射影响最大，尤其关系到合成纤维的老化。绳索受阳光照射，以紫外光和红外光最为有害。如未加保护而堆放在半潜式养殖平台的绳索、深远海养殖围栏水面上的绳索、拖网船甲板上的绳索、定置渔具上的纲索、起吊用的索具，以及渔船甲板上的所有辅助纲索等都会遭受阳光照射的损害。绳索被光照后主要造成其断裂强力的损失，虽然其他性能如耐磨性、柔韧性等也会受影响，但不如断裂强力影响显著。光照对绳索影响的大小主要取决于光照时间和光照强度等。在低纬度处的光照强度和时间比高纬度处要强和长。表 3-17 表明了室外光照对一些合成纤维绳索断裂强力的影响。由表 3-17 可见，添加紫外老化（UV）稳定剂可减少光照对绳索的影响且添加 UV 稳定剂的 PE 绳索较 PP 绳索更耐老化。此外，材料浸水后受光照的影响大大减小，由于水表面可部分反射和阻挡紫外光的射入，所以在水面以下一定距离，

绳索可免受辐射破坏的影响。对绳索耐老化性试验，可参考东海所石建高研究员主编的行业标准《合成纤维渔网线试验方法》（SCT 4039—2018）（该标准述及了渔网线耐老化性试验方法）。绳索的耐老化性很大程度上取决于纤维材料的种类。例如，未经 UV 稳定剂处理过的 PP 绳索和 PE 绳索（尤其是 PP 绳索）在光照下会较快遭到破坏，因此，它们不适合长期在阳光照射下使用。提高 PP 绳索和 PE 绳索的耐老化性可在绳索制造过程中添加光稳定剂（如抗氧化和紫外光吸收剂等），也可通过着色对纤维起到保护作用。目前，大多数 PE 绳索和 PP 绳索制造时不仅加光稳定剂，而会染成各种颜色。例如，将公称直径 12 mm 的 PP 单丝绳索着色成橘色和黑色，经过日照 2 870 h 后，橘色 PP 单丝绳索的断裂强力降为其原始断裂强力的 28%，而黑色 PP 单丝绳索的断裂强力是其原始断裂强力的 95%，可见，黑色绳索的抗紫外光效果更好。UHMWPE 纤维有着优异的抗老化性能，建议深远海养殖用网纲优先选择 UHMWPE 纤维制缆绳（如 Dyneema® SK78 制缆绳、DM20 制缆绳），以提高网纲的抗老化性能。

表 3–17　室外照射对合成纤维绳索断裂强力的影响

纤维种类	PP 裂膜纤维	PE 单丝	PE 单丝
纤维着色	橘色 +UV 稳定剂	橘色	橘色 +UV 稳定剂
绳索直径	6 mm	5 mm	5 mm
室外照射时间	断裂强力损失（%）		
在北欧 12 个月以后	10	0	0
在北欧 18 个月以后	21	27	8
赤道附近非洲 12 个月以后	41	80	24

四、吸湿对深远海养殖用网纲等绳索的影响

水是影响网纲等绳索性能的最重要环境因子之一。在水中，绳索的断裂强力、伸长率、直径和质量等物理机械性能都会发生变化。绳索浸水后会吸收水分。对于植物纤维绳索，水分除渗进纤维细胞中外，还渗透到纤维、绳纱和股之间的空隙处，绳索干态时充满空气的这些空隙由水分取代。这类绳索吸水后其直径、周长和质量增加，而绳索长度因此会有所缩短。绳索的捻度对浸水后性能的变化影响较大，如松捻绳纤维限制较小，纤维膨胀而增加的周长就比紧捻绳大，一根非常松捻的绳索吸水后，其周长增加量可达 44%，而同样的紧捻绳仅增加 10%~20%；紧捻绳吸水后，因纤维不能自由地扩展而膨胀，这导致内部压力增加而使绳索硬挺和难

以使用。浸水后周长随绳索粗度的增加而增加，绳索长度变化也较显著，Manila 麻绳索浸水后长度可收缩达 10%，紧捻绳比松捻绳收缩要小。表 3-18 为 Manila 麻绳索浸水数天后其质量、周长、长度的变化情况；表 3-19 中的数值是浸水后的增加量对其干燥时的百分数。由表 3-18 可见，非常松捻制 Manila 麻绳索浸水 240 h 后质量增加 155.7%、周长增加 43.3%，而长度则收缩 15.3%，这说明吸湿对 Manila 麻绳索性能影响很大。

表 3-18　吸湿对 Manila 麻绳索性能的影响

浸水时间（h）	非常松捻			非常紧捻		
	质量（%）	周长（%）	长度（%）	质量（%）	周长（%）	长度（%）
1	99.0	25.0	-7.2	29.7	0.9	-2.6
24	127.3	43.3	-11.9	37.5	14.9	-7.7
72	114.3	—	-13.7	50.0	14.9	-8.7
144	150.0	—	-14.1	57.8	15.9	-10.6
240	155.7	43.3	-15.3	62.5	16.8	-12.0

绳索吸水后其质量、周长和长度都会发生变化。为了减少植物纤维绳索浸水后其质量、周长和长度的变化，可对绳索进行防水处理，防水剂是由石蜡和热油配制的。如 Manila 麻绳索经防水处理后，浸水一天其质量仅增加 9%，周长增加 0.8%，长度收缩仅 2%。合成纤维绳索浸水后，吸水很少或不吸水，如 PET 绳索、PP 绳索和 PE 绳索浸水后其质量、周长和长度的变化非常小，这类合成纤维绳索吸收水分仅限于替代纤维、绳纱和绳股之间空隙中的空气。例如，PET 绳索浸水一天后质量仅增加 10%~15%，直径 16 mm 的 PE 绳索浸水一天后长度收缩仅 0.7%。这类合成纤维绳索浸水后也不会发硬而难以使用。PA 绳索浸水后其周长、长度和质量都会发生变化。如浸水一天后其质量会增加 22%~23%，周长变化不显著，而长度收缩相当大。表 3-19 列出了 PA 长丝捻绳浸水一天后长度的变化情况，PA 绳索浸水后长度变化与网线类似，它与处理条件有关。绳索吸水后其断裂强力也会发生变化。植物纤维绳索浸水后断裂强力会增加，表 3-20 为 Manila 麻绳索浸水后强力变化情况，假设干态断裂强力为 100%。从表 3-20 中的数据看出，Manila 麻绳索在水中浸湿时间与断裂强力变化关系似乎不大，但应注意，当 Manila 麻绳索长期浸在天然水域中，由于微生物的侵入会使其断裂强力降低。合成纤维绳索湿态断裂强力主要取决于纤维材料的吸水量。PA 的吸水性是所有合成纤维材料中最高的，因此，在湿态时 PA 绳索的断裂强力比干态时低 5%~25%。PA 绳索在干态时的断裂强力比其他类型绳索高得多，所以它在湿态时强力的下降

并不重要。PET 绳索和 PP 绳索在湿态时断裂强力不降低。PE 绳索的断裂强力在湿态时会增加 15% 左右。基于上述分析，在深远海养殖用网纲设计时，我们应考虑吸湿对网纲的影响，以确保网纲安全。

表 3–19 浸水对 PA 长丝捻绳长度的影响

序号	名义直径（cm）	长度的变化（%）		备注
		湿态	干态	
1	10	−5.3	−8.2	未处理过
2	14	−6.1	−8.6	未处理过
3	14	−7.7	−8.4	未处理过
4	14	−1.7	−2.6	稳定处理
5	16	−1.5	−2.3	稳定处理
6	18	−1.3	−3.4	不知
7	20	−6.7	−7.2	热处理
8	20	−2.7	−0.5	稳定处理
9	20	−6.0	−5.3	热处理加润滑剂
10	20	−5.4	−5.9	热处理加润滑剂
11	22	−5.6	−5.9	热处理加润滑剂
12	22	−6.4	−6.3	热处理加润滑剂
13	24	−2.3	−2.5	热处理加润滑剂
14	24	−4.6	−5.4	热处理加润滑剂
15	24	−1.3	± 0	稳定处理
16	24	−1.0	± 0	稳定处理
17	24	−6.3	−5.2	热处理
18	40	−8.4	−8.9	热处理
19	40	−4.5	−4.6	热处理
20	48	−3.8	−4.8	未处理

注：表中样品长度 1~4 m，未加预加张力测量，浸在自来水中 24 h。

表 3–20 浸水对 Manila 麻绳索断裂强力的影响

名义直径（mm）	加捻程度	浸湿时间		
		30 min	1 h	24 h
16	松	119.3%	119.3%	117.7%
16	中	116.9%	120.2%	118.3%

续表

名义直径（mm）	加捻程度	浸湿时间		
		30 min	1 h	24 h
18	松	118.8%	113.9%	116.9%
24	松	116.2%	115.5%	111.2%
24	硬	106.1%	—	103.6%

注：假设干态断裂强力为 100%。

除上述温度、化学药品、光照、吸湿等环境因子对深远海养殖用网纲等绳索性能有影响，在风、浪、流等作业环境下，蠕变寿命、张弛疲劳、耐磨性能、低碳足迹等因素也会影响绳索性能。为此，东海所石建高研究员课题组在工业和信息化部重大课题的支持下开展了相关研究（图 3-44），以探究网纲的破坏机理，为深远海养殖用网纲的优化设计与应用提供参考。相关内容已在本章第二节做了详细论述，请参阅此节。

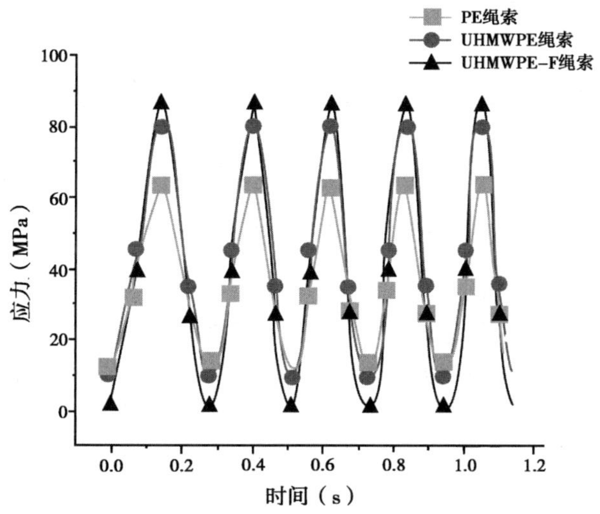

图 3-44　几种不同种类纤维绳索的疲劳曲线

第四章　深远海养殖用网纲检测及结接技术

网纲是重要的渔具材料，其综合性能直接关系到深远海养殖业的成败。深远海养殖除使用网纲外，还使用锚缆、绑扎绳等绳索。为了选择合适的网纲来满足不同深远海养殖要求，就需要通过检测来掌握网纲的综合性能。科学检测、分析、探究、评估网纲等绳索性能，有利于深远海养殖技术总结及升级。本章主要论述网纲等纤维绳索检测技术、索具产品检测技术、网纲等绳索结接技术，为现代渔业的高质量发展提供参考。

第一节　网纲等纤维绳索检测技术

渔用纤维绳索主要包括超高分子量聚乙烯（UHMWPE）绳索、聚乙烯（PE）绳索、聚酰胺（PA）绳索和聚酯（PET）绳索等。为了选择合适的网纲，就需要了解有关网纲的物理机械性能。科学检测网纲的物理机械性能非常重要和必要。尽管目前国内外尚无以网纲直接命名的检测技术标准，但已制定了绳索检测技术标准。网纲作为一种装配在网具上的绳索，其检测技术标准可以参考绳索技术标准。

一、测试内容及其标准

针对绳索主要物理机械性能的测试方法，已制定了“Fibre ropes – Determination of certain physical and mechanical properties”（ISO 2307：2019）及《纤维绳索　有关物理和机械性能的测定》（GB/T 8834—2016）等标准，网纲的主要物理机械性能检测可采用上述绳索标准。网纲等绳索的检测，主要包括测试内容及其标准、检验方式及其样本数、检验项目、检验仪器与被测参数、检验方法、测试样品和检验仪器的检查、电源与环境条件要求、检验异常的处理办法、检验结果判断方法。

现行UHMWPE绳索、PE绳索、PA绳索和PET绳索的通用产品标准为《渔用绳索通用技术条件》(GB/T 18674—2018)。该标准适用于公称直径为 6~72 mm 的 8 股和 12 股的超高分子量聚乙烯编绳、公称直径为 20~72 mm 的超高分子量聚乙烯复编绳等，本标准主要起草单位为国家渔具质量监督检验中心、农业农村部绳索网具产品质量监督检验测试中心、山东好运通网具科技股份有限公司、山东爱地高分子材料有限公司等单位，主要起草人为石建高等。本标准规定了渔用绳索的术语和定义、分类与标记、要求、试验方法、检验规则、标志、标签、包装、运输和贮存。诚然，UHMWPE 绳索、PA 绳索和 PET 绳索还可以选用其他标准 [如 SC/T 5011、《超高分子量聚乙烯纤维 8 股、12 股编绳和复编绳索》(GB/T 30668—2014)、《纤维绳索　聚酯　3 股、4 股、8 股和 12 股绳索》(GB/T 11787—2017)]，读者可根据需要灵活选用。

现行合成纤维绳索物理机械性能测试标准为 GB/T 8834—2016。在自然光线下，采用目测的方法检验绳索的结构与制造工艺。按 GB/T 8834—2016 的规定检验直径、捻距或标距、交货长度等；针对线密度，每个试样测试 3 次，计算其算术平均值。针对最小断裂强力，每个试样测试 3 次，取所有试样测量值的最低值。绳索的伸长率根据需要进行测定。

二、检验方式及其样本数

1. 抽样检验

取样尽可能代表该批承检产品的绳索。样品由检验机构或质量监督机构等抽取。样品应在生产单位和销售单位已经检验合格的产品中随机抽取。特殊情况下也允许在生产线的终端、已经检验合格的产品中随机抽取。同一规格、相同尺寸、经相同工序制造及检验过程的相同材料的产品为一个检验批。除另有协议外，在同一批产品中随机抽取合适长度的样品进行检验，抽取的样品数量按公式（2–15）计算。

抽取样品数量的计算值 N_S 应修约至整数。当计算值 N_S=35.5 时，样品数量应为 36 个；当 N_S<1 时，样品数量应为 1 个。

合成纤维绳索取样方法按 GB/T 8834—2016 的规定执行。合成纤维绳索产品抽样方法及样本数如表 4–1 所示。样品试验次数按表 4–2 中规定执行。

表 4–1　合成纤维绳索产品抽样方法及样本数

产品名称	组批规定	每批抽样数	需复测时每批抽样数
合成纤维绳索	同一规格、相同尺寸、经相同制造工序及检验过程的相同材料产品为一个检验批	按公式（2–15）进行计算	按公式（2–15）进行计算后，加倍抽样

表 4–2 合成纤维绳索样品试验次数

项目	通用要求		物理性能	
	结构、制造	捻距或节距、交货长度	线密度	最小断裂强力
总次数	3	3	3	3

2. 委托检验

委托检验样品一般由送样人、送样企业抽取，而非检验机构、质量监督机构或绳索产品购置方等抽取。样品数量同上述抽样检验。

三、检验项目、检验仪器与被测参数

1. 检验项目

检验项目如表 4–3 所示。

表 4–3 检验项目

产品名称	检验项目
合成纤维绳索	结构、制造、捻距或节距、交货长度、线密度、最小断裂强力
合成纤维绳索	直径（根据需要检验）、伸长率（根据需要检验）

2. 检验仪器与被测参数

仪器名称、型号、量程、分辨力数据取值精度与准确度要求如表 4–4 所示。

表 4–4 合成纤维绳索检验仪器与被测参数

仪器设备名称	型号	量程	分辨力	准确度
游标卡尺	/	0~200 mm	0.02 mm	满足直径、捻距或节距检验要求
		0~300 mm	0.02 mm	
钢质卷尺	/	0~20 m	1 mm	满足线密度测长度检验要求
电子秤	ACS–15A 或其他型号	0~15 kg	5 g	满足线密度称量检验要求
台秤	TGT–50 或其他型号	0~50 kg	0.02 kg	
电子天平	JA2003N 或其他型号	0~200 g	1 mg	
电子天平	FA2004N 或其他型号	0~200 g	0.1 mg	
强力试验机	RHZ–1600 强力试验机	0~1 600 kN	0.08 kN	满足最小断裂强力检验要求
	INSTRON–4466 强力试验机	0~10 kN	0.000 1 kN	
	INSTRON–5581 强力试验机	0~50 kN	0.000 1 kN	
	CM–5105 强力试验机	0~100 kN	0.001 kN	
	其他强力试验机	0~30 000 kN	0.08 kN	

四、检验方法

1. 检验系统框图

检验系统框图如图 4–1 所示。合成纤维绳索检验项目主要包括结构、制造、捻距或节距、交货长度、线密度、最小断裂强力。每个检测项目的有效检测次数如表 4–2 所示，捻距、交货长度和线密度取其平均数，而最小断裂强力取三次测试的最小值。使用强力试验机时需要详细阅读强力试验机操作规程。

2. 数据处理

每个样品按相关标准规定进行测试，然后计算算术平均值或选取最小值。外观、网目长度、绳索纵向断裂强力如表 4–5 的规定。测试数据尾数修约按国家标准《数值修约规则与极限数值的表示和判定》（GB/T 8170—2008）执行。

表 4–5　样品数据处理

序号	检验项目及其单位	数据处理
1	结构、制造	/
2	捻距或节距（mm）	一位小数
3	交货长度（m）	整数
4	线密度（ktex）	三位有效数字
5	最小断裂强力（kN）	三位有效数字

五、测试样品和检验仪器的检查

检验前，受检样品的检查项目包括样品编号、材料、规格、数量以及样品平衡时间。检验前，检验仪器的检查项目包括查验检验用仪器是否在检定有效期内，检验用仪器的量程、分辨力等是否符合标准要求。按仪器操作规程，检查仪器的完好情况并做记录。检验用主要仪器设备为强力机（使用量程、夹具使用、夹具间距、拉伸速度、各显示部分是否正常工作及零位）。检验后，对仪器的检查项目包括检验结束时仪器各控制部分及操作部件是否正常，检查并记录。仪器各运动部件复原至起始位置。检验后，对样品的检查项目包括检验过程中是否有非出于检验要求的意外损坏，有无结转其他检验部门继续检测的要求。多余的样品按顺序退库。

六、电源、环境条件要求以及检验异常的处理办法

1. 电源与环境条件要求

电子传感器式强力机、空气压缩机等加装稳压电源，保持电压稳定。综合试验

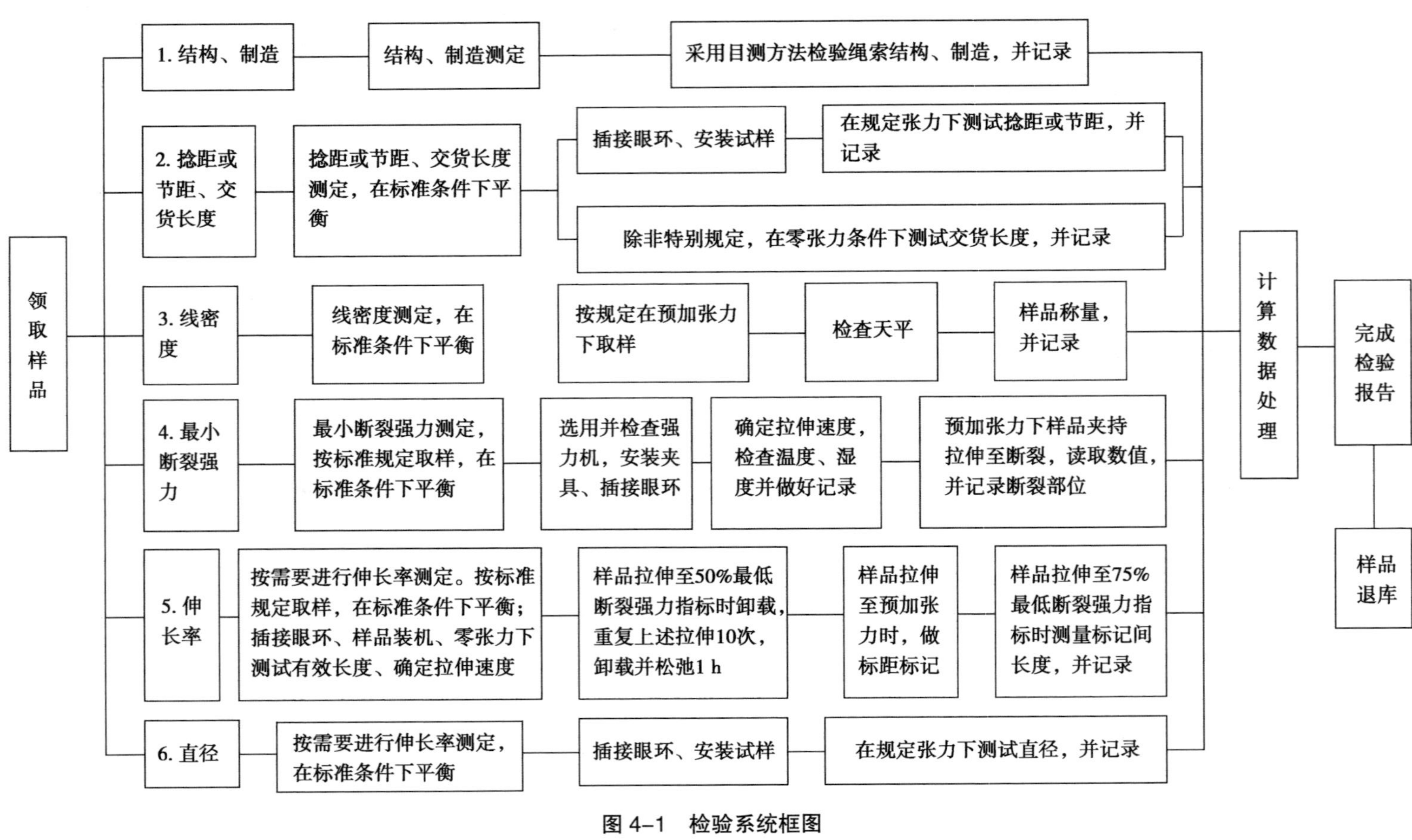
领取样品
1. 结构、制造
结构、制造测定
采用目测方法检验绳索结构、制造，并记录
2. 捻距或节距、交货长度
捻距或节距、交货长度测定，在标准条件下平衡
插接眼环、安装试样
在规定张力下测试捻距或节距，并记录
除非特别规定，在零张力条件下测试交货长度，并记录
3. 线密度
线密度测定，在标准条件下平衡
按规定在预加张力下取样
检查天平
样品称量，并记录
4. 最小断裂强力
最小断裂强力测定，按标准规定取样，在标准条件下平衡
选用并检查强力机，安装夹具、插接眼环
确定拉伸速度，检查温度、湿度并做好记录
预加张力下样品夹持拉伸至断裂，读取数值，并记录断裂部位
5. 伸长率
按需要进行伸长率测定。按标准规定取样，在标准条件下平衡；插接眼环、样品装机、零张力下测试有效长度、确定拉伸速度
样品拉伸至50%最低断裂强力指标时卸载，重复上述拉伸10次，卸载并松弛1 h
样品拉伸至预加张力时，做标距标记
样品拉伸至75%最低断裂强力指标时测量标记间长度，并记录
6. 直径
按需要进行伸长率测定，在标准条件下平衡
插接眼环、安装试样
在规定张力下测试直径，并记录
计算数据处理
完成检验报告
样品退库

图 4–1　检验系统框图

室环境条件应符合 GB/T 8834—2016 的规定。样品检验前、检验中、检验后，都应经常检查温度、湿度数据，并作好记录。

2. 检验异常的处理办法

受检样品损坏，应及时报告管理部门后妥善处理，允许使用备用样品重新进行检验。首次测量超标或测量结果离散太大，应复查仪器使用情况、量程选择、操作规程，若未发现问题则数据有效；当发现问题时应向主管领导汇报，经同意视具体情况作出处理或重新检测。检验过程中发生停电、停水或其他非人力可避免的自然灾害，应及时通知有关部门，待恢复正常后，继续检验。由于仪器故障而中断检验的，排除故障后，方可继续检验。以上情况对检验中断前的检验结果有影响时，恢复正常后，应重新检验，原数据作废；中断原因对此前检验设备没有影响时，原数据有效，恢复检验后只对未检验项目进行检验。

七、检验结果判断方法

检验判定依据相应的标准 GB/T 18674—2018 或其他相关标准。从每批合成纤维绳索中随机抽取 3 根绳索作为样品进行检验。当检验依据为 GB/T 18674—2018 国家标准时，产品按批检验，判定规则如下：

a）在检验结果中，若全部检验项目符合 GB/T 18674—2018 标准第 5 章要求，则判该批产品合格；

b）在检验结果中，若最小断裂强力不符合 GB/T 18674—2018 标准 5.2 要求，则判该批产品不合格；

c）在检验结果中，若除最小断裂强力以外的检验项目有一项（或一项以上）不符合 GB/T 18674—2018 标准第 5 章相应要求时，应在该批产品中加倍抽样进行复检，若复检结果仍不符合要求，则判该批产品不合格。

监督抽查或统检的产品，按下达任务时批准的抽查方案中的规定进行判定。抽样检验，检验结果对该批产品有效；委托检验，检验结果仅对委托样品有效。复验时，测试程序与原标准测试程序相同。当检验依据为 GB/T 18674—2018 以外的其他标准时，检验结果按其他标准的规定执行。

第二节　深远海养殖用索具产品检测技术

在深远海养殖领域，除使用第一节所示的合成纤维绳索外，有时还会使用合成纤维吊装带、钢丝绳、牵引绳等索具产品。为了选择最合适的深远海养殖用索具产品，就需要了解有关索具产品的性能。科学检测、分析、评估索具产品的物理机械性能非常重要和必要。本节以吊装带产品为例介绍索具产品检测技术，为深远海养殖用索具产品的选择及分析研究提供科学依据。钢丝绳及牵引绳等索具产品检测技术，读者可参考《钢丝绳　实际破断拉力测定方法》（GB/T 8358—2014）及《钢丝绳》（GB 8918—1996）等相关标准，本节不做具体介绍。

一、测试内容及其标准

深远海养殖用吊装带（以下简称“吊装带”）测试，主要包括测试内容及其标准、检验方式及其样本数、检验项目、检验仪器与被测参数、检验方法、测试样品和检验仪器的检查、电源与环境条件要求、检验异常的处理办法、检验结果判断方法。现行吊装带标准为《编织吊索　安全性　第 1 部分：一般用途合成纤维扁平吊装带》（JB/T 8521.1—2007）。诚然，在实际生产活动、贸易交流等场合，读者可根据需要灵活选用其他标准。吊装带检验项目包括吊带宽度和最小破断力。

二、检验方式及其样本数

1. 抽样检验

取样尽可能代表该批承检产品的吊装带。样品由检验机构或质量监督机构等抽取。样品应在生产单位、销售单位已经检验合格的产品中随机抽取。特殊情况下允许在生产线的终端、已经检验合格的产品中随机抽取。同型号（编织方法、宽度、材料、末端件、缝合形式都相同）的吊装带样品数和样品试验次数按表 4–6 和表 4–7 中规定执行。

表 4–6　吊装带样品数

基本型吊带的极限工作载荷（kg）	批量（件）	样品数（件）
5 000 以下	250	1
5 000~10 000	100	1
12 500~31 500	50	1

表 4–7　吊装带样品试验次数

项目	吊带宽度	最小破断力
总次数	1	1

2. 委托检验

委托检验样品一般由送样人、送样企业抽取，而非检验机构、质量监督机构或绳索产品购置方等抽取。样品数量同上述抽样检验。

三、检验项目、检验仪器与被测参数

1. 检验项目

检验项目如表 4–8 所示。

表 4–8　检验项目

产品名称	检验项目
吊装带	吊带宽度、最小破断力

2. 检验仪器与被测参数

仪器名称、型号、量程、分辨力数据取值精度及准确度要求如表 4–9 所示。

表 4–9　吊装带产品检验仪器与被测参数

仪器设备名称	型号	量程	分辨力	准确度
游标卡尺	/	0~200 mm	0.02 mm	满足吊装带宽度检验要求
		0~300 mm	0.02 mm	
强力试验机	RHZ–1 600 强力试验机	0~1 600 kN	0.08 kN	满足最小破断力检验要求
	INSTRON–4466 强力试验机	0~10 kN	0.000 1 kN	
	INSTRON–5581 强力试验机	0~50 kN	0.000 1 kN	
	CM–5105 强力试验机	0~100 kN	0.001 kN	
	其他强力试验机	0~30 000 kN	0.08 kN	

四、检验方法

1. 检验系统框图

吊装带检验系统框图如图 4–2 所示。吊装带检验项目主要包括吊带宽度、最小破断力。吊装带每个检测项目的有效检测次数如表 4–7 所示，吊装带宽度取三次测试的平均数，而最小断裂强力取最小值。使用强力试验机时需要详细阅读强力试验机操作规程。

2. 数据处理

每个样品按相关标准规定进行测试，然后计算算术平均值或选取最小值。吊带宽度、最小破断力如表 4–10 的规定。测试数据尾数修约按国家标准 GB/T 8170—2008 的规定执行。

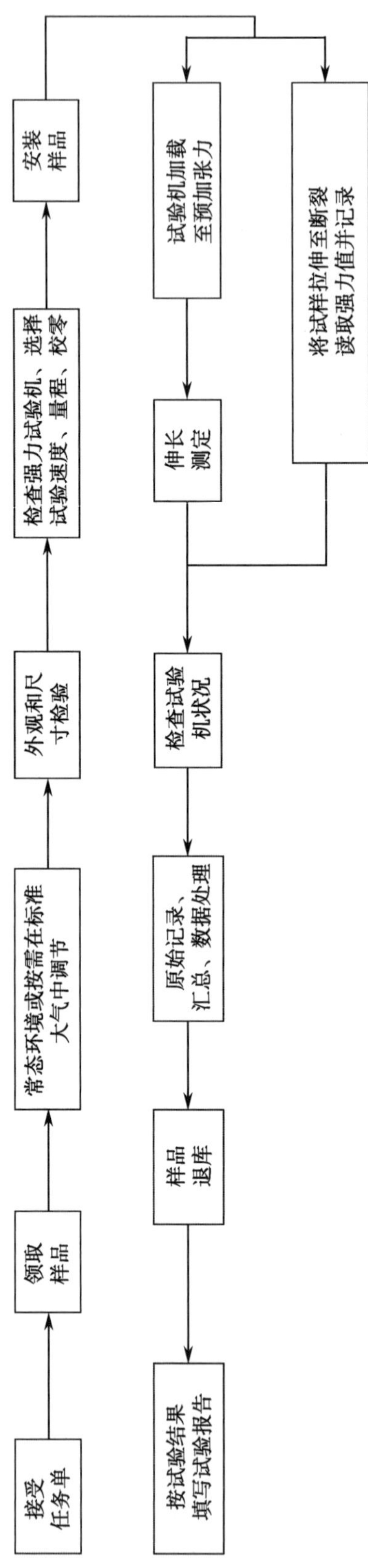

图 4-2 吊装带检验系统框图

表 4–10　吊装带样品数据处理

序号	检验项目及其单位	数据处理
1	吊带宽度（mm）	一位小数
2	最小破断力（kN）	最小破断力 15.68 N 以下，取三位有效数字 最小破断力 15.68 N 以上，取四位有效数字

五、测试样品和检验仪器的检查

检验前，受检样品的检查项目包括样品编号、材料、规格、数量以及样品平衡时间。检验前，检验仪器的检查项目包括查验检验用仪器是否在检定有效期内，检验用仪器的量程、分辨力等是否符合标准要求。按仪器操作规程，检查仪器的完好情况并做记录。检验用主要仪器设备为强力机（使用量程、夹具使用、夹具间距、拉伸速度、各显示部分是否正常工作及零位）。检验后，对仪器的检查项目包括检验结束时仪器各控制部分及操作部件是否正常，检查并记录。仪器各运动部件复原至起始位置。检验后，对样品的检查项目包括检验过程中是否有非出于检验要求的意外损坏，有无结转其他检验部门继续检测的要求。多余的样品按顺序退库。

六、电源、环境条件要求以及检验异常的处理办法

1. 电源与环境条件要求

电子传感器式强力机、空气压缩机等加装稳压电源，保持电压稳定。综合试验室环境条件应符合现行吊装带相关标准为《编织吊索　安全性　第 1 部分：一般用途合成纤维扁平吊装带》（JB/T 8521.1—2007）的规定。样品检验前、检验中、检验后，都应经常检查温度、湿度数据，并作好记录。

2. 检验异常的处理办法

受检样品损坏，应及时报告管理部门后妥善处理，允许使用备用样品重新进行检验。首次测量超标或测量结果离散太大，应复查仪器使用情况、量程选择、操作规程，若未发现问题则数据有效；当发现问题时应向主管领导汇报，经同意视具体情况处理或重新检测。检验过程中发生停电、停水或其他非人力可避免的自然灾害，应及时通知有关部门，待恢复正常后，继续检验。由于仪器故障而中断检验的，排除故障后，方可继续检验。以上情况对检验中断前的检验结果有影响时，恢复正常后，应重新检验，原数据作废；中断原因对此前检验设备没有影响时，原数据有效，恢复检验后只对未检验项目进行检验。

七、检验结果判断方法

检验判定依据相应的标准 JB/T 8521.1—2007。吊带最小破断力符合 JB/T 8521.1—2007 标准规定为合格，低于最小破断力 90% 为不合格。如果最小破断力小于 JB/T 8521.1—2007 标准规定又大于其 90% 最小破断力，可以从同批产品中另抽两个试样重新试验，如果两个试样达到 JB/T 8521.1—2007 标准要求，则该样品被认为合格，否则为不合格。基本型吊装带的极限工作载荷和相应吊装带的最小破断力见表 4-11。

表 4-11 吊装带样品数据处理

基本型吊装带的极限工作载荷 WLL（kg）	相应的带子的最小破断力（daN）	基本型吊装带的极限工作载荷 WLL［kg（t）］	相应的带子的最小破断力（daN）	基本型吊装带的极限工作载荷 WLL［kg（t）］	相应的带子的最小破断力（daN）
160	940	1 000（1）	5 880	6 300（6.3）	37 000
200	1 180	1 250（1.25）	7 350	8 000（8）	47 000
250	1 470	1 600（1.6）	9 410	10 000（10）	58 800
315	1 850	2 000（2）	11 760	12 500（12.5）	73 500
400	2 350	2 500（2.5）	14 700	16 000（16）	94 100
500	2 940	3 150（3.15）	18 500	20 000（20）	117 600
630	3 700	4 000（4）	23 500	25 000（25）	147 000
800	4 700	5 000（5）	29 400	31 500（31.5）	185 000

第三节 深远海养殖用网纲等绳索结接技术

因功能、习惯、地域或使用部位等的不同，在渔业生产活动中，人们习惯将绳索称为“网纲”“纲”“绳”“纲索”和“纲绳”等。网纲等绳索在使用时为防止绳端散头或加固绳端，需作绳端结。为便于绳端与绳端、绳端与其他构件等之间的连接，常将绳端插制眼环（又称琵琶头或猫眼）。上述作结或插接技术统称为绳索的结接技术。网纲等绳索的结接技术在生产、检测和日常生活中应用较广。

一、网纲等绳索结接用工具

网纲等绳索（为便于叙述，以下均简称为绳索）结接时的常用工具主要有并索器、绳槌、绳锥和卷缠板等。并索器由两条导柱、两块活动钳口和一横钳制丝杆构成（图 4–3）。应用并索器可将钢丝绳、丙纶裂膜夹钢丝绳等绳索弯曲或并拢，以便插制眼环或扎缚。绳索结接时，将需要弯曲的钢丝折叠，放在两块活功钳口间，下面的钳口借铁栓固定在杆柱的下端，把钳制丝杆旋转，使上面的钳口向下移动，将钢丝绳需弯曲的部分并拢钳住，以便绳索结接。绳槌主要用来敲击绳索的插接部分，使凸起的绳股趋于平整。纤维绳索一般用木制绳槌、橡胶绳槌等非刚性绳槌敲击，而钢丝绳则用铁制绳槌等刚性绳槌敲击。绳锥亦称扦子、穿针、锥子或孟林司板等。绳锥形状有针形、圆锥形和扁锥形等。当插制眼环、绳索插接和打绳端结时，绳锥用来穿插绳股，使绳股之间的空隙扩大，以便绳股进行穿插。绳锥一般用硬木、钢铁、尼龙等适宜材料制成。木制绳锥一般用于纤维绳索的结接工作，钢铁制绳锥多用于钢丝绳的结接工作。卷缠板亦称“小铲”，主要用于缠绕绳索。此外，缠绕绳索也使用木槌等工具。

图 4–3　并索器

二、绳索一端的作结

绳索一端的作结分为眼环和绳端结两种。为了便于绳端与绳端的连接，常将绳端插制眼环。为了防止绳端散头或加固绳端，需作绳端结。

1. 眼环

因深远海养殖用网纲主要使用纤维绳索，本节仅介绍纤维捻绳眼环的制作方法，钢丝绳眼环制作方法本节不做介绍，读者可参考相关论著。纤维捻绳眼环用于在绳端做套环或嵌心环。方法步骤为：先将绳端松开 4~6 倍于绳周的长度，并将各股端扎紧；然后根据所需要的大小做一绳圈，将各活股顺序逆根股搓纹分别插入一根股；若纤维绳规格较大，也可先把活股的中股逆搓纹插入一根股，再插入左股和右股，将各股收紧；各股再顺序逆根股搓纹压一股、穿一股插两道即成，最后剪去露出的余端（见图 4–4）。如果需要在眼环中嵌鸡心（套）环，应先把鸡心（套）环安置在绳环中，使绳子贴紧鸡心（套）环的凹槽，并用小绳扎紧，然后按作眼环的方法进行插编。注意把各股及时收紧，使鸡心（套）环嵌紧在绳环中（见图 4–5）。

2. 绳端结

绳端结有多种，在渔业生产活动中主要采用以下两种：

a）作结时，先将绳端的绳股散开，各自构成半圈后，相互交叉穿结起来，抽紧后即成。该结称为“海胆结”（海胆结较为粗大，见图 4–6）。

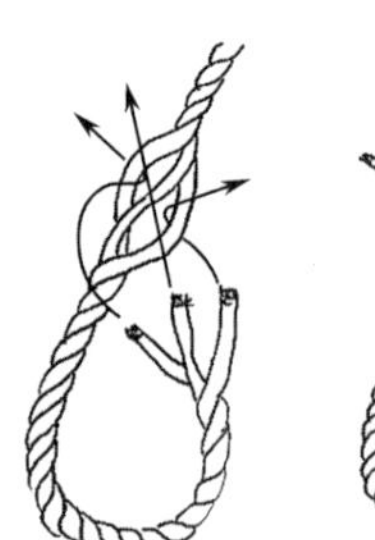

图 4–4 纤维捻绳眼环制作方法

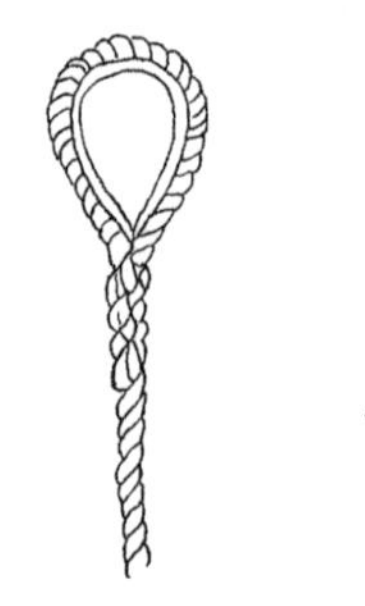

图 4–5 纤维绳索眼环中镶嵌鸡心（套）环

b）作结时，先将绳端的绳股散开，把中间一股弯成半圈，继而将右股绕过中股，然后将左股压住右股，从中股的半圈穿出，最后将各股抽紧，顺次向下穿插 2~3 次，剪去各股的余端即成（图 4–7）。这种制作法打出的结平整、美观，且不增加绳索的粗度。

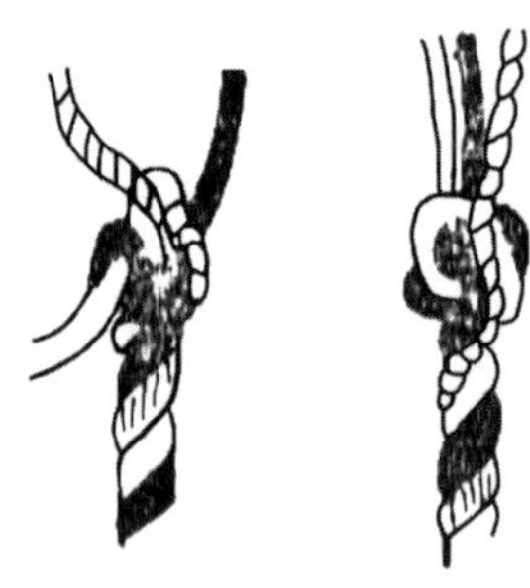

图 4–6 海胆结

图 4–7 绳端结

三、两根绳索间的连接

两根绳索间的连接方法很多，在渔业上的常用方法包括眼环连接法、绞接法和打结法等。

1. 眼环连接法

眼环连接法简便、灵活，在渔业中应用最广。在连接绳索前，必须先将两条绳索的端部制成眼环，然后进行连接。连接方法主要包括眼环用卸扣连接法（见图 4–8）和穿套眼环连接法（见图 4–9）。所谓眼环用卸扣连接就是在两个眼环间用一圆头直形卸扣进行连接。采用眼环用卸扣连接法连接时，将两绳端的眼环套中卸扣的弯曲部分，并将销子封锁它的钳头，然后旋紧螺丝即成；两绳需要解脱时，只要旋下卸扣上的销子，即可分开。眼环用卸扣连接法既易连接，又很好解脱，所以为大型网具所采用，只不过须在眼环内嵌入鸡心（套）环等金属套环，以防止眼环被磨损。所谓穿套眼环连接法就是将甲乙两条绳的绳端互相穿入对方的眼环中拉紧即

图 4–8　卸扣连接

图 4–9　穿套眼环连接

成。穿套眼环连接法连接简易，但接合长绳时，解脱不方便。

2. 绞接法

在两条绳索的绳端连接时，将各股互相穿插或以缠合的方式连接起来称为“绞接”。绞接方法包括长绞接法和短绞接法（亦称插接法）。在渔业生产活动中，我们应根据插接部分粗度要求，合理选用长绞接法或短绞接法。

为了减小两条绳端连接时插接部分的粗度，使绞接后的绳索能在滑车中顺利通过，人们常对通过滑车使用的绳索采用长绞接法。当采用长绞接法时，先将 A、B 两条绳索的绳端各解开适当的长度，使各股互相交叉压紧，然后将 A 绳上的一股解开适当的距离，使 B 绳的一股沿着 A 绳解开一股的螺旋位置嵌入，在这两股的接头处作一个平结；按同样的方法再将 B 绳的一股解开适当的距离，使 A 绳的一股嵌入其螺旋位置；最后将两条绳的第三对股在原位置处连接起来，剪去各股端的剩余部分即可（图 4–10）。

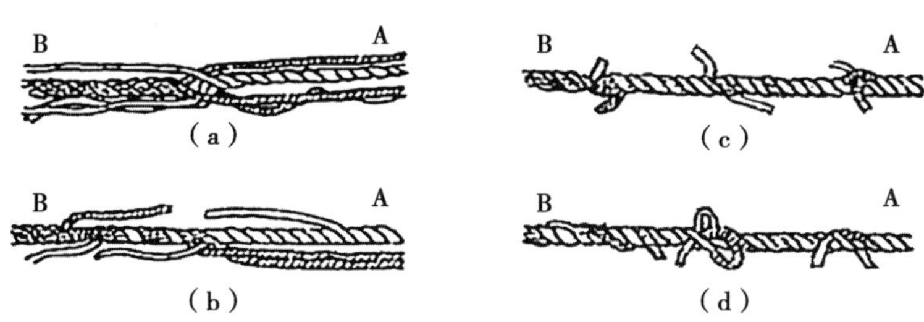

图 4–10　长绞接法

在渔业生产活动中，对两条绳端连接插接部分的粗度没有具体要求时，两条绳端的绞接常采用短绞接法。当采用短绞接法时，先将两绳端的各股解开 4~6 倍绳周长的长度，用线将股根部分与各股的端部分别扎紧，然后使两绳端部的各股互相交叉压紧，把 A 绳端的每股活股在 B 绳上压一股穿一股，拉紧敞平，剪去剩余的股端。然后按同样的方法，将 B 绳端部的各活股在 A 绳上各股间进行穿插即成（图 4–11）。钢丝绳采用短绞接法连接时，需剪去绳芯，并在插接过程中要使各股互相紧密接触，如有凸起现象，须用铁槌敲击使之匀称。采用短绞接法连接可使绳索

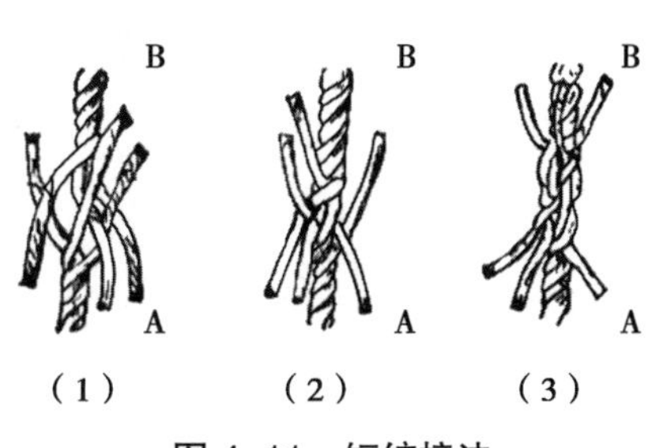

图 4–11　短绞接法

的结合坚实、耐久，但其缺点是在插接部分粗度较大，因而不易在滑车中通过。

3. 打结法

a）死结。绳与绳间作结时，先将一条绳的绳端屈曲成绳环，以另一绳端自环下向上穿过，并绕过绳环的外面一周，再从上向下穿入绳环内拉紧即成（图 4–12）。如果绕过绳环外面二周，那么打成双死结（图 4–13）。

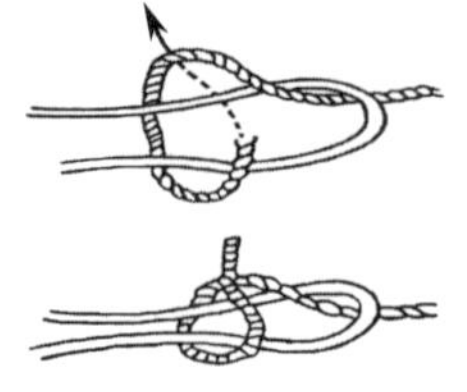

图 4–12 死结

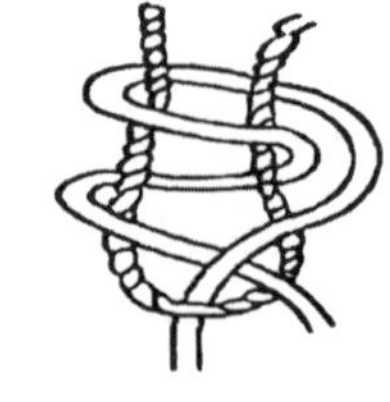

图 4–13 双死结

b）活结。活结作结时，将两条绳的绳端相对并互相交错，使两绳端各向其本身屈曲，再将一绳端穿入另一绳端的屈曲圈内，最后拉紧两绳端的屈曲部分即成（亦称平结，图 4–14）。

c）双花大绳结。双花大绳结可用来系接各种粗细不同的绳索或两条粗大的绳索（图 4–15）。

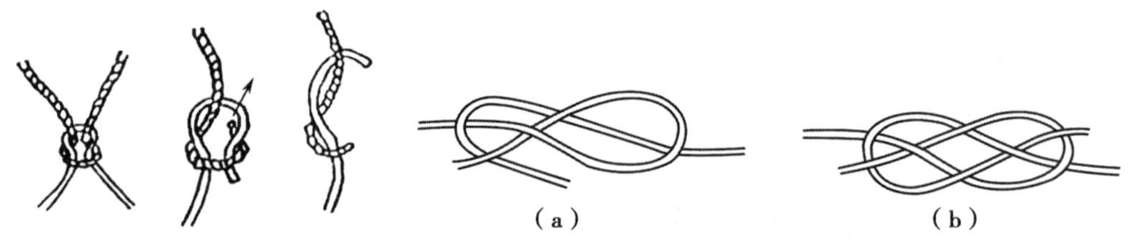

图 4–14 活结　　图 4–15 双花大绳结

d）鱼结。因为鱼结一旦勒紧后就不易解开，所以可作永久性结应用（鱼结亦称友谊结，图 4–16）。合成纤维因为本身湿滑，两条绳端用结节连接起来往往容易脱开；如果打成鱼结，则当用力较大时也不会脱解。

e）缩帆结。为了便于绳与绳间连接的解脱，在一绳端穿入另一绳端的屈曲圈内时，再拆迫一次，拉紧即成缩帆结（图 4–17）。

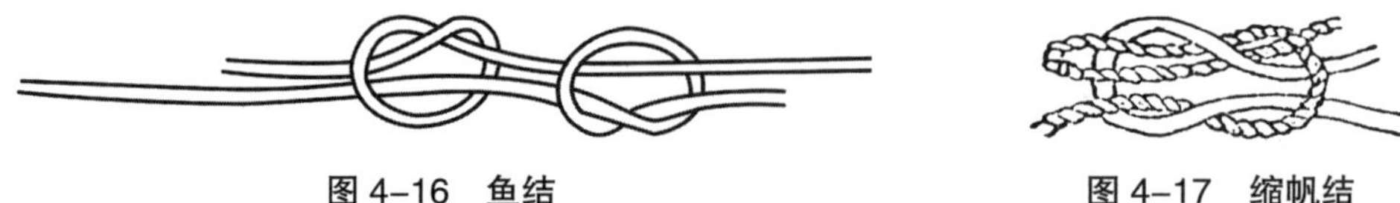

图 4–16 鱼结　　图 4–17 缩帆结

第五章　深远海养殖渔具及渔具材料标准体系研究

标准是经济活动和社会发展的技术支撑，是国家治理体系和治理能力现代化的基础性制度。海洋和内陆水域中，用于直接捕捞或养殖水生经济动植物的工具称为渔具。随着渔具定义的修订，养殖行业相关的工具等均纳入渔具及渔具材料范畴。深远海养殖渔具及渔具材料标准体系是渔具及渔具材料标准体系的有效组成部分，系统开展相关研究可进一步提升网具、网纲及深远海养殖渔具等的标准技术。本章概述渔具及渔具材料标准体系表的编制原则与流程、我国深远海养殖渔具及渔具材料标准体系框架与标准体系表，为进一步构建及完善渔具及渔具材料标准体系提供参考。

第一节　渔具及渔具材料标准体系表的编制原则与流程

在低潮位水深超过 15 m 且有较大浪流开放性水域、在离岸 3 n mile 外岛礁水域或以养殖水体不小于 1 万 m^3 的养殖设施开展的海水养殖称为深远海养殖。海洋和内陆水域中，由网片等材料组成，直接捕捞或养殖水生经济动植物的工具称为网具。深远海养殖渔具及渔具材料标准体系隶属于渔具及渔具材料标准体系。

一、深远海养殖渔具及渔具材料标准体系表的编制原则

2015 年 3 月 11 日，国务院以印发《深化标准化工作改革方案的通知》(国发〔2015〕13 号)，部署改革标准体系和标准化管理体制，改进标准制定工作机制，强化标准的实施与监督，更好地发挥标准化在推进国家治理体系和治理能力现代化中的基础性、战略性作用，促进经济持续健康发展和社会全面进步。深远海养殖渔具及渔具材料标准体系构建一般遵循系统协调、目标导向和整体优化等原则，现简介如下。

1. 系统协调的原则

围绕着标准体系的目标，深远海养殖渔具及渔具材料标准体系表应全面配套、协调统一。深远海养殖渔具及渔具材料标准体系涉及的主要环节、要素，在分析时要系统、全面，要分清体系的边界，在分析确定体系内标准的同时，也应梳理与体系有关的相关标准，体系内的标准与相关标准应协调。现行的水产行业标准体系中，有许多通用基础标准，在围绕行业管理具体事项研究构建综合标准体系时，不能与现行的基础通用标准发生冲突，产生矛盾。在构建综合标准体系时，对多个标准涉及的共性特征应提取制定成共性标准，共性标准构成标准体系中的一个层次，放在特性标准之上。

2. 目标导向原则

以目标为导向构建深远海养殖渔具及渔具材料标准体系表，根据不同的目标，可以编制出不同的标准体系表，因此，研究构建标准体系应首先明确建立标准体系的目标。体系目标不宜过大，目标太大，涉及的相关要素、部门多，根据现有管理机制，协调有困难，体系目标很难实现。在选择确定深远海养殖渔具及渔具材料标准体系研究对象时，可根据农业农村部渔业渔政管理局等标准化管理部门的管理职责和工作要点，围绕具体管理事项展开研究，如深远海养殖渔具及渔具材料管理、水产养殖网箱管理、海洋牧场建设与管理等。

3. 整体优化的原则

按照综合标准化整体最佳的特性编制深远海养殖渔具及渔具材料标准体系表。在建立深远海养殖渔具及渔具材料标准体系时，主要考虑标准化对象系统的总效果，而不要求各相关要素单项指标最佳。综合考虑和系统分析各种相关要素，优化调整相关要素和具体指标参数，以系统整体效益最佳为目标，寻求达到体系目标的最佳方案。

二、深远海养殖渔具及渔具材料标准体系表的编制流程

深远海养殖渔具及渔具材料标准体系表的编制流程如下。

1. 资料收集、分析，走访与调研，确定标准体系目标

资料收集与分析、走访与调研是标准体系研究的前提。资料收集对象应包括相关的法律法规、部门规章、标准等规范性文件、国内外相关研究情况等，对收集到的资料进行研究分析，找出法律法规、部门规章等法规文件中需要标准支撑的点，只有法规文件中需要标准支撑项目，才有制定标准的必要。要到相关管理部门进行走访、调研，了解研究对象涉及的主要活动或环节，需要解决的主要问题和要达到的目的等，为绘制标准体系流程图做好准备。对收集到的资料和调研结果进行汇总

分析，确定标准体系目标，必要时，对目标进行分解。

2. 分析涉及的主要活动或环节，绘制标准体系流程图

分析研究对象涉及的主要活动或环节，绘制流程图和要素分析是标准体系构建的基础。流程是否完整，要素分析是否全面、准确，直接影响到体系的系统性和完整性。在前期资料收集和调研基础上，分析研究对象涉及的主要活动或环节，绘制标准体系流程框图。流程图要系统、全面，应涵盖研究对象的整个链条。

3. 列出各活动或环节涉及的主要要素

这一步围绕拟要达到的目的或拟要解决的问题，详细分析要开展哪些工作，各项工作涉及哪些内容，也就是涉及的要素。为便于归纳分析，可以对相关要素进行列表归类。这一环节需要标准管理和相关科研团队密切配合，尤其是相关科研团队要给予足够的支撑。

4. 分析对哪些要素进行标准化

分析对哪些要素进行标准化，一定要围绕已确定的目的和目标。目标不同，涉及的标准化对象不同，标准化的要素就不同。要达到这一目的，就要对资料收集的内容、现场调查内容及调查方法、资料汇总分析和论证方法、投资估算方法与标准、结果判定原则以及评价报告内容等进行规范。

5. 对需标准化的要素进行归类，提取共性要素，对体系进行协调、优化

这一步是标准体系建设的关键，它直接影响到标准体系的协调性和整体优化。对需标准化的要素进行归类，提取共性要素，制定共性标准，对特性要素制定特性标准。共性标准放在特性标准的上一层次，避免重复交叉。对有些需要标准化的要素，如果已有现成的标准，可把该标准作为相关标准直接引用，如方法类标准，以简化体系。对特性标准要分析其适用的范围，根据特性标准适用范围确定其在体系中的位置，以汇总完成标准明细表和标准统计表。将分析得出的标准目录按层级列入表 5–1 的标准明细表中，对各层级标准进行检查，看是否重复交叉，是否有同一标准列入了不同层级。同时，对标准目录进行查新，看是否与现有标准重复。在此基础上，对整个标准体系需要制定的标准数量进行统计，提出应有、已有以及还需制定的标准数量，列入标准统计表（见表 5–2）。

表 5–1　标准明细表

序号	标准名称	标准代号	宜订级别	国际、国外标准号及采用关系	被代替标准号或作废	备注
1						
2						

续表

序号	标准名称	标准代号	宜订级别	国际、国外标准号及采用关系	被代替标准号或作废	备注
3						
4						
5						

表 5-2　标准统计表

标准层级	应有数（个）	现有数（个）	现有数 / 应有数（%）
国家标准			
行业标准			
地方标准			
团体标准			
企业标准			
合计			

6. 编写完成标准体系编制说明

标准体系研究还应对研究过程进行记录和说明，即标准体系编制说明。编制说明应如实记录标准体系的编制过程，它是审查标准体系完备性的依据。标准体系编制说明一般包括以下内容：①编制体系表的依据及要达到的目标；②国内、国外标准概况；③结合统计表，分析现有标准与国际、国外标准的差距和薄弱环节，明确今后的主攻方向；④专业划分依据和划分情况；⑤与其他体系交叉情况和处理意见；⑥需要其他体系协调配套的意见；⑦其他。

第二节　我国深远海养殖渔具及渔具材料标准体系框架

渔具及渔具材料作为渔业生产的主要投入品之一，在现代渔业发展中发挥着重要作用。我国是世界渔具及渔具材料生产大国，但不是渔具及渔具材料生产强国。构建一个较为完整的渔具及渔具材料标准体系，制定出科学合理的标准有利于渔业资源的合理开发利用、渔业生产管理及其相关政策实施、渔具及渔具材料生产加工及其应用、渔具及渔具材料生产强国建设等。上述标准化工作可助力“一带一路”

倡议、蓝色粮仓建设、渔具渔法管理、水产养殖的绿色发展与现代化建设。

一、标准体系框架的原则与目标

1. 制定我国深远海养殖渔具及渔具材料标准体系框架的原则

a）开展绿色可降解渔具及渔具材料标准研究，逐步解决“幽灵捕捞”问题；

b）开展渔具及渔具材料的回收利用标准研究，实现渔具及渔具材料的可循环利用；

c）加强网箱与养殖围栏等养殖设施相关标准体系研究，建设“海上粮仓”；

d）加强节能降耗型渔具及渔具材料标准研究，实现渔业生产的节能减排；

e）加强双碳或水产养殖绿色发展战略相关渔具标准研究，发展负责任渔业与低碳渔业；

f）开展渔具质量安全性技术标准研究，确保养成水产品或养殖活动安全；

g）加强国际标准或国外先进标准研究、应用与制修订，争取国际标准话语权。

2. 制定我国深远海养殖渔具及渔具材料标准体系框架的目标

争取在“十四五”期间，制定一个符合国家战略要求（如“双碳”战略、“一带一路”倡议、渔业节能减排战略和水产养殖绿色发展战略等），又与国际标准、国外先进标准接轨的深远海养殖渔具及渔具材料标准体系，规范水产养殖设施通用技术要求，推动渔业资源的合理开发利用、水产养殖的绿色发展以及现代渔业生产的可持续健康发展。

二、我国深远海养殖渔具及渔具材料标准体系框架

我国深远海养殖渔具及渔具材料标准体系隶属于水产标准化技术体系，水产标准化技术体系组织结构如图 5–1 所示。

全国水产标准化技术委员会渔具及渔具材料分技术委员会于 2015 年制定了 2015 年版的渔具及渔具材料标准体系表（以下简称 2015 年版渔具及渔具材料标准体系表）。我国渔具及渔具材料标准体系框架、网具及网具材料标准体系框架分别如图 5–2 和图 5–3 所示。

由网具及网具材料标准体系框架可以看出，网具及网具材料标准体系主要包括网具标准（捕捞网具标准、养殖网具标准）、网具材料标准两大部分。捕捞网具类通用标准主要包括拖网类通用标准、围网类通用标准、刺网类通用标准、张网类通用标准、地拉网类通用标准、敷网类通用标准和其他捕捞网具类通用标准。养殖网具类通用标准主要包括网箱类通用标准、养殖围栏类通用标准、吊笼类通用标准和其他养殖网具类（如藻类养殖网帘等）通用标准。网具材料类通用标准主要包括

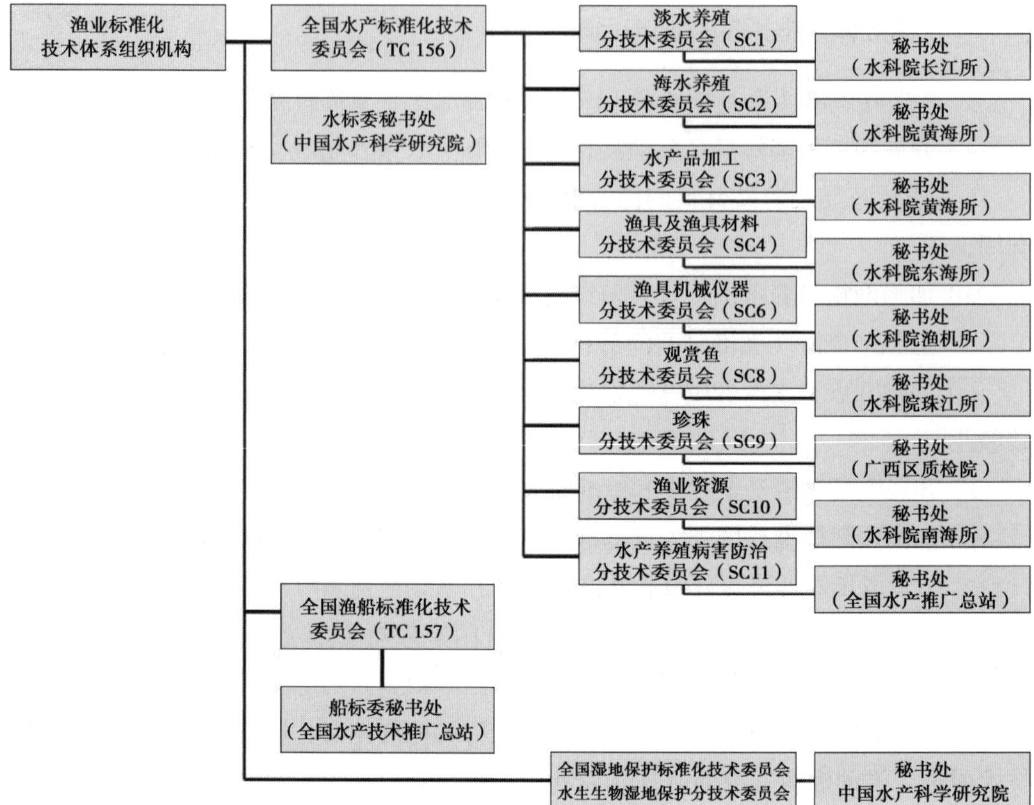

图 5-1 我国水产标准化技术体系组织结构

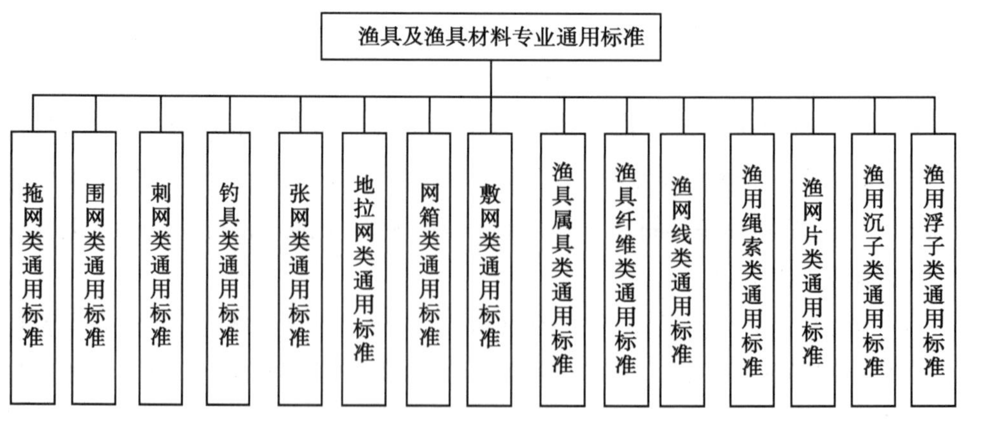

图 5-2 我国渔具及渔具材料标准体系框架

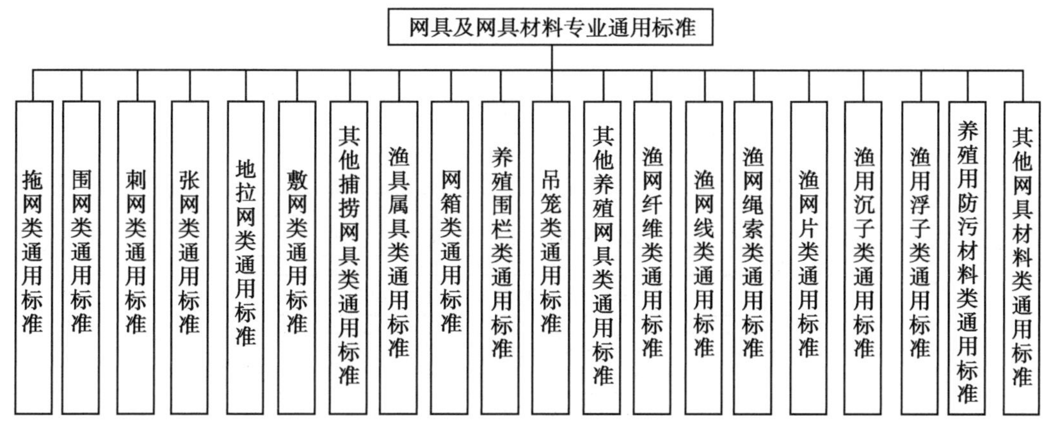

图 5–3　我国网具及网具材料标准体系框架（讨论稿）

渔用纤维类通用标准、渔网线类通用标准、渔网绳索类通用标准、渔网片类通用标准、渔用沉子类通用标准、养殖用防污材料类通用标准、其他网具材料类通用标准。网具及网具材料标准体系框架涉及 20 种专业通用标准。诚然，上述网具及网具材料标准体系框架（讨论稿）还有很多不完善的地方，需要今后进一步深入研究。

深远海养殖渔具及渔具材料标准体系研究参照《标准体系构建原则和要求》（GB/T 13016—2018）、《综合标准化工作指南》（GB/T 12366—2009）、深远海养殖模式等相关要求开展。现有深远海养殖模式主要包括深远海养殖网箱、养殖围栏、养殖平台、养殖工船、筏式养殖、吊笼养殖等，因此，深远海养殖渔具及渔具材料标准体系框架应围绕上述养殖模式展开。在标准体系研究和构建过程中，即不能完全依据 GB/T 13016—2018 有关要求，也不能完全按照 GB/T 12366—2009 要求去做。因为 GB/T 13016—2018 中，标准体系的层次结构是按照全国、行业、专业划分，而涉及多个行业产品时，按照行业、专业和产品划分。

为方便读者进一步了解和研究深远海养殖标准体系，基于前期深远海养殖渔具及渔具材料技术研究、网具及深远海养殖标准体系构建研究、大量国内外深远海养殖文献资料分析总结等相关工作，水科院东海所“网具及深远海养殖标准体系构建”（A160601）课题组（课题负责人：石建高研究员）率先给出了深远海养殖标准体系框架（讨论稿，见图 5–4）。该体系框架包括深远海养殖装备框架类通用标准、深远海养殖箱体或网具类通用标准、深远海养殖锚泊类通用标准、深远海养殖投饲装备类通用标准、深远海养殖网衣清洗装备类通用标准、深远海养殖鱼类起捕与分级装备类通用标准、深远海养殖鱼类运输与转移装备类通用标准、深远海养殖安全防护与防盗装备类通用标准、深远海养殖死鱼与残饵收集装备类通用标准、深远海

深远海养殖专业通用标准

- 深远海养殖装备框架类通用标准
- 深远海养殖箱体或网具类通用标准
- 深远海养殖锚泊类通用标准
- 深远海养殖投饲装备类通用标准
- 深远海养殖网衣清洗装备类通用标准
- 深远海养殖鱼类起捕与分级装备类通用标准
- 深远海养殖鱼类运输与转移装备类通用标准
- 深远海养殖安全防护与防盗装备类通用标准
- 深远海养殖死鱼与残饵收集装备类通用标准
- 深远海养殖工作平台与工作船类通用标准
- 深远海养殖陆上与水上安装设备类通用标准
- 深远海养殖辅助设施类通用标准
- 深远海养殖材料类通用标准
- 深远海养殖加工类通用标准
- 深远海养殖运输贮藏类通用标准
- 深远海养殖测试类通用标准
- 深远海养殖废弃物处理或利用类通用标准
- 深远海养殖技术类通用标准
- 深远海养成品加工类通用标准
- 深远海养成品运输与贮藏类通用标准
- 深远海养成品测试类通用标准
- 深远海养成品销售类通用标准
- 深远海养殖相关的其他通用标准

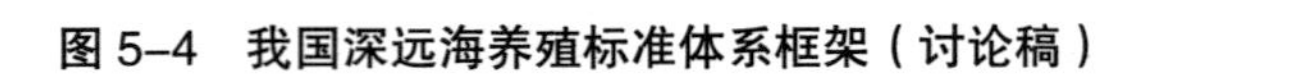

图 5–4　我国深远海养殖标准体系框架（讨论稿）

养殖工作平台与工作船类通用标准、深远海养殖陆上与水上安装设备类通用标准、深远海养殖辅助设施类通用标准、深远海养殖材料类通用标准、深远海养殖加工类通用标准、深远海养殖运输贮藏类通用标准、深远海养殖测试类通用标准、深远海养殖废弃物处理或利用类通用标准、深远海养殖技术类通用标准、深远海养成品加工类通用标准、深远海养成品运输与贮藏类通用标准、深远海养成品测试类通用标准、深远海养成品销售类通用标准、深远海养殖相关的其他通用标准共23种专业通用标准。上述深远海养殖标准体系框架涵盖了深远海养殖产业链诸多领域的详细内容。诚然，此深远海养殖标准体系框架（讨论稿）还有很多不完善的地方，需要今后进一步深入研究。

深远海养殖渔具及渔具材料标准体系隶属于渔具及渔具材料标准体系。按照GB/T 13016—2018等相关规定要求，水科院东海所石建高研究员牵头负责的"网具及深远海养殖标准体系构建"（A160601）课题组率先开展了深远海养殖渔具及渔具材料专业通用标准研究，给出了相应的标准体系框架（讨论稿，图5–5），为今后深远海养殖标准的制定提供了科技支撑。

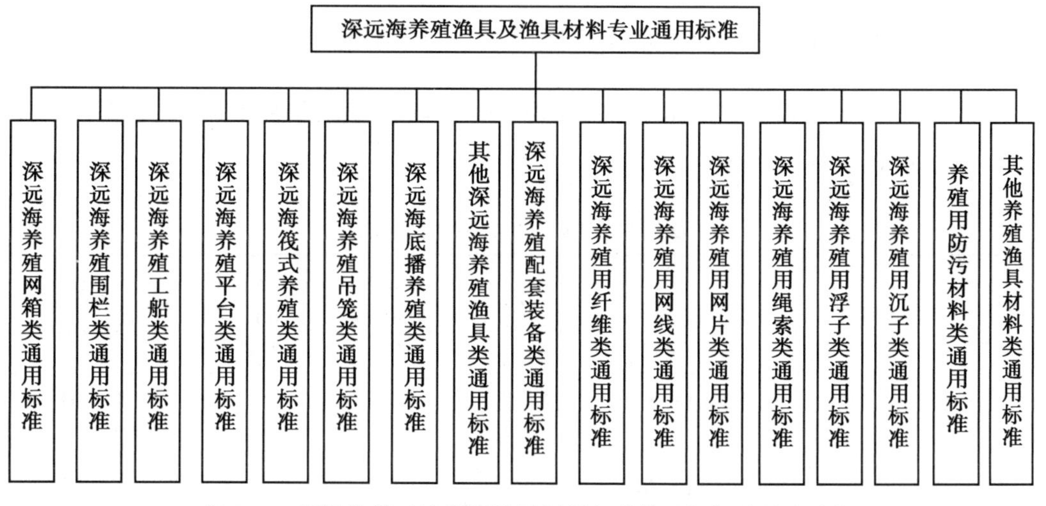

图5–5　深远海养殖渔具及渔具材料标准体系框架（讨论稿）

由图5–5可见，深远海养殖渔具及渔具材料标准体系框架包括深远海养殖网箱类通用标准、深远海养殖围栏类通用标准、深远海养殖工船类通用标准、深远海养殖平台类通用标准、深远海筏式养殖类通用标准、深远海养殖吊笼类通用标准、深远海底播养殖类通用标准、其他深远海养殖渔具类通用标准、深远海养殖配套装备类通用标准、深远海养殖用纤维类通用标准、深远海养殖用网线类通用标准、深远海养殖用网片类通用标准、深远海养殖用绳索类通用标准、深远海养殖用浮子类通用标准、深远海养殖用沉子类通用标准、养殖用防污材料类通用标准、其他养殖渔具材料类通用标准共 17 种专业通用标准。上述标准体系框架涵盖了深远海养殖渔具、深远海养殖配套装备、深远海养殖渔具材料等深远海养殖渔具及渔具材料产业链的多项主要内容。

第三节　我国深远海养殖渔具及渔具材料标准体系表

我国深远海养殖业目前处于快速发展阶段，但因相应的标准项目、工作经费等缺乏，导致深远海养殖标准化工作严重滞后，尚未制定基于深远海养殖内涵的深远海养殖国家标准或行业标准。为此率先开展网具及深远海养殖标准体系构建、深远海养殖渔具及渔具材料标准体系表等相关研究，具有重要意义。我国深远海养殖渔具及渔具材料标准包括深远海养殖渔具及渔具材料专业通用标准、深远海养殖渔具及渔具材料门类通用标准、深远海养殖渔具及渔具材料个性标准三大类。

一、我国深远海养殖渔具及渔具材料专业通用标准

我国深远海养殖渔具及渔具材料专业通用标准包括基础性标准、方法类标准和工作类标准（表 5–3 至表 5–5）。

表 5–3　304.04.01 基础性标准

序号	标准名称	标准编号	宜定级别	采用国际、国外标准的程度	采用的或相应的国际、国外标准号	备注（原标准号）
1	渔具基本术语	SC/T 4001—2021	推荐性			SC/T 4001—1995
2	渔具材料基本术语	SC/T 5001—2014	推荐性			SC/T 5001—1995
3	渔具制图	SC/T 4002—1995	推荐性			GB 6636—1986
4	渔具分类、命名及代号	GB/T 5147—2003	推荐性			GB/T 5147—1985
5	渔具与渔具材料量、单位及符号	GB/T 6963—2006	推荐性			GB 6963—1986
6	水产养殖术语	GB/T 22213—2008	推荐性			

续表

序号	标准名称	标准编号	宜定级别	采用国际、国外标准的程度	采用的或相应的国际、国外标准号	备注（原标准号）
7	水产养殖设施名词术语	SC/T 6056—2015	推荐性			
8	水产养殖网箱名词术语	SC/T 6049—2011	推荐性			
9	海水重力式网箱设计技术规范	GB/T 40749—2021	推荐性			
10	深远海养殖渔具及渔具材料术语	SC/T ××××	推荐性			

注：表中“××××”表示为潜在标准，目前尚无正式标准编号。

表 5–4　304.04.02 方法类标准

序号	标准名称	标准编号	宜定级别	采用国际、国外标准的程度	采用的或相应的国际、国外标准号	备注（原标准号）
1	渔网网目尺寸测量方法	GB/T 6964—2010	推荐性			GB/T 6964—1986
2	渔具阻力参数测试方法	SC/T ××××	推荐性			
3	深远海养殖渔具　结构物理和机械性能的测定	SC/T ××××	推荐性			
4	深远海养殖渔具　网具物理和机械性能的测定	SC/T ××××	推荐性			
5	深远海养殖渔具　锚泊系统或桩基系统物理和机械性能的测定	SC/T ××××	推荐性			
6	深远海养殖渔具　配套装备物理和机械性能的测定	SC/T ××××	推荐性			

续表

序号	标准名称	标准编号	宜定级别	采用国际、国外标准的程度	采用的或相应的国际、国外标准号	备注（原标准号）
7	深远海养殖渔具　养殖海域论证方法	SC/T ××××	推荐性			
8	深远海养殖渔具　养殖环境评价方法	SC/T ××××	推荐性			
9	深远海养殖渔具　使用周期评价方法	SC/T ××××	推荐性			
10	深远海养殖渔具　养殖海况测试方法	SC/T ××××	推荐性			

注：表中“××××”表示为潜在标准，目前尚无正式标准编号。

表 5-5　304.04.03 工作类标准

序号	标准名称	标准编号	宜定级别	采用国际、国外标准的程度	采用的或相应的国际、国外标准号	备注（原标准号）
1	主要渔具制作　网衣缩结	SC/T 4003—2000	推荐性			GB 6637—1986
2	主要渔具制作　网片剪裁和计算	SC/T 4004—2000	推荐性			GB 6638—1986
3	主要渔具制作　网片缝合与装配	SC/T 4005—2000	推荐性			GB 6639—1986
4	渔具绳索连接形式及技术要求	SC/T ××××	推荐性			
5	深远海养殖渔具　纲索后处理	SC/T ××××	推荐性			
6	深远海养殖渔具　网衣后处理	SC/T ××××	推荐性			
7	深远海养殖渔具　网衣缩结	SC/T ××××	推荐性			
8	深远海养殖渔具　网片剪裁和计算	SC/T ××××	推荐性			
9	深远海养殖渔具　网片缝合与装配	SC/T ××××	推荐性			

续表

序号	标准名称	标准编号	宜定级别	采用国际、国外标准的程度	采用的或相应的国际、国外标准号	备注（原标准号）
10	深远海养殖渔具　箱体装配方法	SC/T ××××	推荐性			
11	深远海养殖渔具　网衣防污涂料处理方法	SC/T ××××	推荐性			
12	深远海养殖渔具　结构防腐涂层处理方法	SC/T ××××	推荐性			
13	深远海养殖渔具　挂网方法	SC/T ××××	推荐性			
14	深远海养殖渔具　纲索插接方法	SC/T ××××	推荐性			
15	深远海养殖渔具　纲索与属具间的连接方法	SC/T ××××	推荐性			
16	深远海养殖渔具　下水、转运与锚泊方法	SC/T ××××	推荐性			
17	深远海养殖渔具　维修保养方法	SC/T ××××	推荐性			
18	深远海养殖渔具　换网方法	SC/T ××××	推荐性			

注：表中“××××”表示为潜在标准，目前尚无正式标准编号。

二、我国深远海养殖渔具及渔具材料门类通用标准

我国深远海养殖渔具及渔具材料门类通用标准如表 5–6 至表 5–8 所示。

表 5–6　404.04.04 网箱

序号	标准名称	标准编号	宜定级别	采用国际、国外标准的程度	采用的或相应的国际、国外标准号	备注（原标准号）
1	浮绳式网箱	SC/T 4024—2011	推荐性			
2	高密度聚乙烯框架铜合金网衣网箱通用技术条件	SC/T 4030—2016	推荐性			
3	养殖网箱浮架高密度聚乙烯管	SC/T 4025—2016	推荐性			

续表

序号	标准名称	标准编号	宜定级别	采用国际、国外标准的程度	采用的或相应的国际、国外标准号	备注（原标准号）
4	浮式金属框架网箱通用技术要求	SC/T 5024—2017	推荐性			
5	水产养殖网箱浮筒通用技术要求	SC/T 4045—2018	推荐性			
6	高密度聚乙烯框架深水网箱通用技术要求	SC/T 4041—2018	推荐性			
7	移动式网箱通用技术要求	SC/T ××××	推荐性			
8	浮式网箱通用技术要求	SC/T ××××	推荐性			
9	沉式网箱通用技术要求	SC/T ××××	推荐性			
10	升降式网箱通用技术要求	SC/T ××××	推荐性			
11	坐底式网箱通用技术要求	SC/T ××××	推荐性			
12	海水网箱通用技术要求	SC/T ××××	推荐性			
13	深水网箱通用技术要求　第 1 部分：框架系统	SC/T 4048.1—2018	推荐性			
14	深水网箱通用技术要求　第 2 部分：网衣	SC/T 4048.2—2020	推荐性			
15	深水网箱通用技术要求　第 3 部分：纲索	SC/T 4048.3—2020	推荐性			
16	深水网箱通用技术要求　第 4 部分：网线	SC/T 4048.4—2021	推荐性			
17	塑胶渔排通用技术要求	SC/T 4017—2020	推荐性			
18	网箱框架结构及装配技术要求	SC/T ××××	推荐性			

续表

序号	标准名称	标准编号	宜定级别	采用国际、国外标准的程度	采用的或相应的国际、国外标准号	备注（原标准号）
19	浮筒式框架结构及装配技术要求	SC/T ××××	推荐性			
20	浮体框架式结构及装配技术要求	SC/T ××××	推荐性			
21	海水沉式框架结构及装配技术要求	SC/T ××××	推荐性			
22	海水自动升降框架结构及装配技术要求	SC/T ××××	推荐性			
23	网箱防污损涂料禁用物质	SC/T ××××	推荐性			
24	网箱防污损涂料有毒有害物质限量	SC/T ××××	推荐性			
25	×××式网箱（通用技术要求）	SC/T ××××	推荐性			
26	×××式深（远）海渔场（通用技术要求）	SC/T ××××	推荐性			
27	×××型深远海渔场（或养殖平台）设计要求	SC/T ××××	推荐性			
28	海水网箱通用技术要求	SC/T ××××	推荐性			
29	金属框架深水网箱（通用技术要求）	SC/T ××××	推荐性			
30	深水网箱通用技术要求	SC/T ××××	推荐性			
31	深远海网箱通用技术要求	SC/T ××××	推荐性			
32	钢丝网水泥（框架）网箱通用技术要求	SC/T ××××	推荐性			
33	钢管（框架）网箱通用技术要求	SC/T ××××	推荐性			
34	×××网衣网箱通用技术要求	SC/T ××××	推荐性			

续表

序号	标准名称	标准编号	宜定级别	采用国际、国外标准的程度	采用的或相应的国际、国外标准号	备注（原标准号）
35	×××固泊网箱通用技术要求	SC/T ××××	推荐性			
36	锚张式网箱通用技术要求	SC/T ××××	推荐性			
37	重力式网箱通用技术要求	SC/T ××××	推荐性			
38	强力浮式网箱通用技术要求	SC/T ××××	推荐性			
39	张力腿网箱通用技术要求	SC/T ××××	推荐性			
40	箱体×××式网箱	SC/T ××××	推荐性			
41	××鱼网箱	SC/T ××××	推荐性			
42	海参网箱	SC/T ××××	推荐性			
43	鲍鱼网箱	SC/T ××××	推荐性			
44	藻类网箱	SC/T ××××	推荐性			
45	××型网箱	SC/T ××××	推荐性			
46	×××网箱平台（通用技术要求）	SC/T ××××	推荐性			
47	×××网箱　框架系统	SC/T ××××	推荐性			
48	×××网箱　箱体系统	SC/T ××××	推荐性			
49	×××网箱　锚泊系统	SC/T ××××	推荐性			
50	×××网箱　框架系统与箱体系统间的连接方法	SC/T ××××	推荐性			
51	×××网箱　箱体网衣最小网目尺寸	SC/T ××××	推荐性			
52	网箱　投饲装备	SC/T ××××	推荐性			
53	网箱　网衣清洗装备	SC/T ××××	推荐性			

续表

序号	标准名称	标准编号	宜定级别	采用国际、国外标准的程度	采用的或相应的国际、国外标准号	备注（原标准号）
54	网箱　鱼类起捕装备	SC/T ××××	推荐性			
55	网箱　鱼类分级装备	SC/T ××××	推荐性			
56	网箱　鱼类运输装备	SC/T ××××	推荐性			
57	网箱　饵料存储设施	SC/T ××××	推荐性			
58	网箱　安全防护设施	SC/T ××××	推荐性			
59	网箱　安全防盗设施	SC/T ××××	推荐性			
60	网箱　死鱼收集装备	SC/T ××××	推荐性			
61	网箱　残饵收集装备	SC/T ××××	推荐性			
62	网箱　工作平台	SC/T ××××	推荐性			
63	网箱　工作船	SC/T ××××	推荐性			
64	网箱　陆上安装设备	SC/T ××××	推荐性			
65	网箱　水上安装设备	SC/T ××××	推荐性			
66	网箱　养殖辅助设施	SC/T ××××	推荐性			
67	网箱　警示灯	SC/T ××××	推荐性			
68	网箱　挡流设施	SC/T ××××	推荐性			
69	网箱　消浪设施	SC/T ××××	推荐性			
70	网箱　金属网衣用防腐锌块	SC/T ××××	推荐性			
71	网箱　加工装配通用技术要求	SC/T ××××	推荐性			
72	网箱　框架系统装配方法	SC/T ××××	推荐性			
73	网箱　箱体系统装配方法	SC/T ××××	推荐性			
74	网箱　锚泊系统装配方法	SC/T ××××	推荐性			
75	网箱　测试通用技术要求	SC/T ××××	推荐性			
76	网箱　模型制作方法	SC/T ××××	推荐性			
77	网箱　模型水池试验方法	SC/T ××××	推荐性			

续表

序号	标准名称	标准编号	宜定级别	采用国际、国外标准的程度	采用的或相应的国际、国外标准号	备注（原标准号）
78	网箱　有关物理和机械性能的测定	SC/T ××××	推荐性			
79	网箱　框架系统测试方法	SC/T ××××	推荐性			
80	网箱　箱体系统测试方法	SC/T ××××	推荐性			
81	网箱　锚泊系统测试方法	SC/T ××××	推荐性			
82	网箱　废弃框架处理通用技术要求	SC/T ××××	推荐性			
83	网箱　废弃箱体处理通用技术要求	SC/T ××××	推荐性			
84	网箱　废弃锚泊系统处理通用技术要求	SC/T ××××	推荐性			
85	网箱　废弃框架回收利用技术要求	SC/T ××××	推荐性			
85	网箱　废弃金属网衣回收利用技术要求	SC/T ××××	推荐性			
86	网箱　废弃铁锚与锚链回收利用技术要求	SC/T ××××	推荐性			
87	浮动式海水网箱养鱼技术规范	SC/T 2013—2003	推荐性			
88	网箱　选址要求	SC/T ××××	推荐性			
89	网箱　水上布局要求	SC/T ××××	推荐性			
90	网箱　养殖密度	SC/T ××××	推荐性			
91	网箱　饵料与投喂要求	SC/T ××××	推荐性			
92	网箱　养殖通用技术要求	SC/T ××××	推荐性			
93	网箱　环境管理要求	SC/T ××××	推荐性			
94	网箱　鱼类起捕要求	SC/T ××××	推荐性			
95	网箱　换网要求	SC/T ××××	推荐性			

注：表中“××××”表示为潜在标准，目前尚无正式标准编号。

表 5–7 404.04.05 养殖围栏等其他深远海养殖渔具

序号	标准名称	标准编号	宜定级别	采用国际、国外标的程度	采用的或相应的国际、国外标准号	备注（原标准号）
1	深远海养殖围栏通用技术要求	SC/T××××	推荐性			
2	深远海养殖工船通用技术要求	SC/T ××××	推荐性			
3	深远海养殖平台通用技术要求	SC/T ××××	推荐性			
4	深远海筏式养殖通用技术要求	SC/T ××××	推荐性			
5	深远海养殖吊笼通用技术要求	SC/T ××××	推荐性			
6	深远海底播养殖通用技术要求	SC/T ××××	推荐性			
7	其他深远海养殖渔具通用技术要求	SC/T ××××	推荐性			
8	深远海养殖配套装备通用技术要求	SC/T ××××	推荐性			
9	深远海养殖用防护网具通用技术要求	SC/T ××××	推荐性			
10	深远海养殖渔具陆上装配技术通用要求	SC/T ××××	推荐性			
11	深远海养殖渔具海上安装技术通用要求	SC/T ××××	推荐性			
12	深远海养殖渔具运输技术通用要求	SC/T ××××	推荐性			
13	深远海养殖渔具维护保养技术通用要求	SC/T ××××	推荐性			

注：表中“××××”表示为潜在标准，目前尚无正式标准编号。

表 5-8 404.04.06 养殖围栏等其他深远海养殖渔具材料

序号	标准名称	标准编号	宜定级别	采用国际、国外标准的程度	采用的或相应的国际、国外标准号	备注（原标准号）
1	深远海养殖用纤维通用技术要求	SC/T ××××	推荐性			
2	深远海养殖网线通用技术要求	SC/T ××××	推荐性			
3	深远海养殖用网片通用技术要求	SC/T ××××	推荐性			
4	深远海养殖用绳索通用技术要求	SC/T ××××	推荐性			
5	深远海养殖用浮子通用技术要求	SC/T ××××	推荐性			
6	深远海养殖用沉子通用技术要求	SC/T ××××	推荐性			
7	养殖用防污材料通用技术要求	SC/T ××××	推荐性			
8	其他养殖渔具材料通用技术要求	SC/T ××××	推荐性			

注：表中“××××”表示为潜在标准，目前尚无正式标准编号。

三、我国深远海养殖渔具及渔具材料个性标准

我国深远海养殖渔具及渔具材料个性标准如表 5-9 至表 5-11 所示。

表 5-9 504-04-01 网箱

序号	标准号	标准名称	宜定级别	备注
1	SC/T ××××	深远海网箱	推荐性	
2	SC/T ××××	升降式深远海网箱	推荐性	
3	SC/T ××××	浮式深远海网箱	推荐性	
4	SC/T ××××	坐底式深远海网箱	推荐性	
5	SC/T ××××	全潜式深远海网箱	推荐性	
6	SC/T ××××	浮绳式网箱	推荐性	

续表

序号	标准号	标准名称	宜定级别	备注
7	SC/T ××××	海水网箱	推荐性	
8	SC/T ××××	海水浮体框架式养殖网箱	推荐性	
9	SC/T ××××	海水沉式养殖网箱	推荐性	
10	SC/T ××××	浮绳式养殖网箱	推荐性	
11	SC/T ××××	海水自动升降型养殖网箱	推荐性	
12	SC/T ××××	蝶形网箱	推荐性	

注：表中“××××”表示为潜在标准，目前尚无正式标准编号。

表 5-10　504-04-02 养殖围栏等其他深远海养殖渔具

序号	标准名称	标准编号	宜定级别	采用国际、国外标准的程度	采用的或相应的国际、国外标准号	备注（原标准号）
1	管桩式深远海养殖围栏	SC/T××××	推荐性			
2	堤坝式深远海养殖围栏	SC/T××××	推荐性			
3	浮绳式深远海养殖围栏	SC/T××××	推荐性			
4	游弋式深远海养殖工船	SC/T××××	推荐性			
5	定置式深远海养殖工船	SC/T××××	推荐性			
6	升降式深远海养殖工船	SC/T××××	推荐性			
7	封闭式深远海养殖工船	SC/T××××	推荐性			
8	透水式深远海养殖工船	SC/T××××	推荐性			
9	浮式深远海养殖平台	SC/T××××	推荐性			
10	半潜式深远海养殖平台	SC/T××××	推荐性			
11	全潜式深远海养殖平台	SC/T××××	推荐性			
12	坐底式深远海养殖平台	SC/T××××	推荐性			
13	深远海海带养殖	SC/T××××	推荐性			
14	深远海裙带菜养殖	SC/T××××	推荐性			
15	深远海贝类养殖	SC/T ××××	推荐性			
16	其他藻类养殖设施	SC/T ××××	推荐性			
17	深远海养殖扇贝笼	SC/T ××××	推荐性			
18	深远海养殖鲍鱼笼	SC/T ××××	推荐性			

续表

序号	标准名称	标准编号	宜定级别	采用国际、国外标准的程度	采用的或相应的国际、国外标准号	备注（原标准号）
19	深远海养殖海参笼	SC/T ××××	推荐性			
20	深远海养殖珍珠笼	SC/T ××××	推荐性			
21	深远海海参底播养殖	SC/T ××××	推荐性			
22	深远海贝类底播养殖	SC/T ××××	推荐性			
23	深远海藻类底播养殖	SC/T ××××	推荐性			
24	深远海养殖洗网机	SC/T ××××	推荐性			
25	深远海养殖投饵机	SC/T ××××	推荐性			
26	深远海养殖吸鱼泵	SC/T ××××	推荐性			
27	深远海养殖起网机	SC/T ××××	推荐性			
28	深远海养殖监控系统	SC/T ××××	推荐性			
29	深远海养殖死鱼收集系统	SC/T ××××	推荐性			
30	深远海养殖用防护网具	SC/T ××××	推荐性			
31	深远海养殖渔具陆上缝合与装配	SC/T ××××	推荐性			
32	深远海养殖渔具海上安装	SC/T ××××	推荐性			
33	深远海养殖运输船	SC/T ××××	推荐性			
34	深远海养殖渔具的维护与保养	SC/T ××××	推荐性			

注：表中“××××”表示为潜在标准，目前尚无正式标准编号。

表 5-11　504-04-03 养殖围栏等其他深远海养殖渔具材料

序号	标准名称	标准编号	宜定级别	采用国际、国外标准的程度	采用的或相应的国际、国外标准号	备注（原标准号）
1	深远海养殖用超高分子量聚乙烯纤维	SC/T ××××	推荐性			
2	深远海养殖用超高分子量聚乙烯裂膜纤维	SC/T ××××	推荐性			
3	深远海养殖用芳纶纤维	SC/T ××××	推荐性			
4	深远海养殖用聚乙烯纤维	SC/T ××××	推荐性			

续表

序号	标准名称	标准编号	宜定级别	采用国际、国外标准的程度	采用的或相应的国际、国外标准号	备注（原标准号）
5	深远海养殖用聚丙烯纤维	SC/T ××××	推荐性			
6	深远海养殖用聚酰胺纤维	SC/T ××××	推荐性			
7	深远海养殖用聚酯纤维	SC/T ××××	推荐性			
8	深远海养殖用半刚性 PET 单丝	SC/T ××××	推荐性			
9	深远海养殖用其他高性能纤维	SC/T ××××	推荐性			
10	深远海养殖用防污纤维	SC/T ××××	推荐性			
11	深远海养殖网线通用技术要求	SC/T ××××	推荐性			
12	深远海养殖用超高分子量聚乙烯绳索	SC/T ××××	推荐性			
13	深远海养殖用超高分子量聚乙烯裂膜绳索	SC/T ××××	推荐性			
14	深远海养殖用聚乙烯绳索	SC/T ××××	推荐性			
15	深远海养殖用聚丙烯绳索	SC/T ××××	推荐性			
16	深远海养殖用聚酰胺绳索	SC/T ××××	推荐性			
17	深远海养殖用聚酯绳索	SC/T ××××	推荐性			
18	深远海养殖用半刚性 PET 单丝绳索	SC/T ××××	推荐性			
19	深远海养殖用芳纶绳索	SC/T ××××	推荐性			
20	深远海养殖用其他高性能绳索	SC/T ××××	推荐性			
21	深远海养殖用防污绳索	SC/T ××××	推荐性			
22	深远海养殖用超高分子量聚乙烯网线	SC/T ××××	推荐性			
23	深远海养殖用超高分子量聚乙烯裂膜网线	SC/T ××××	推荐性			
24	深远海养殖用芳纶网线	SC/T ××××	推荐性			

续表

序号	标准名称	标准编号	宜定级别	采用国际、国外标准的程度	采用的或相应的国际、国外标准号	备注（原标准号）
25	深远海养殖用聚乙烯网线	SC/T ××××	推荐性			
26	深远海养殖用聚丙烯网线	SC/T ××××	推荐性			
27	深远海养殖用聚酰胺网线	SC/T ××××	推荐性			
28	深远海养殖用聚酯网线	SC/T ××××	推荐性			
29	深远海养殖用半刚性 PET 单丝	SC/T ××××	推荐性			
30	深远海养殖用其他高性能网线	SC/T ××××	推荐性			
31	深远海养殖用防污网线	SC/T ××××	推荐性			
32	深远海养殖用超高分子量聚乙烯网片	SC/T ××××	推荐性			
33	深远海养殖用超高分子量聚乙烯裂膜网片	SC/T ××××	推荐性			
34	深远海养殖用网片	SC/T ××××	推荐性			
35	深远海养殖用聚乙烯网片	SC/T ××××	推荐性			
36	深远海养殖用聚丙烯网片	SC/T ××××	推荐性			
37	深远海养殖用聚酰胺网片	SC/T ××××	推荐性			
38	深远海养殖用聚酯网片	SC/T ××××	推荐性			
39	深远海养殖用（六角形网目）PET 网片	SC/T ××××	推荐性			
40	深远海养殖用其他高性能网片	SC/T ××××	推荐性			
41	深远海养殖用防污网片	SC/T ××××	推荐性			
42	金属合金网衣	SC/T ××××	推荐性			
43	铜合金网衣	SC/T ××××	推荐性			
44	深远海养殖用泡沫浮子	SC/T ××××	推荐性			
45	深远海养殖用浮筒	SC/T ××××	推荐性			

续表

序号	标准名称	标准编号	宜定级别	采用国际、国外标准的程度	采用的或相应的国际、国外标准号	备注（原标准号）
46	深远海养殖用沉坠	SC/T ××××	推荐性			
47	深远海养殖用吊重块	SC/T ××××	推荐性			
48	深远海养殖用沉子	SC/T ××××	推荐性			
49	深远海养殖用防污涂料	SC/T ××××	推荐性			
50	深远海养殖用本征防污材料	SC/T ××××	推荐性			
51	深远海养殖用起捕网	SC/T ××××	推荐性			
52	深远海养殖用抄网	SC/T ××××	推荐性			
53	深远海养殖用吊装网	SC/T ××××	推荐性			

注：表中“××××”表示为潜在标准，目前尚无正式标准编号。

主要参考文献

程世琪，石建高，袁瑞，等，2022. 中国海水网箱的产业发展现状与未来发展方向［J］. 水产科技情报，43（3）：697–705.

中华人民共和国国家质量监督检验检疫总局，中国国家标准化管理委员会，2004. 主要渔具材料命名与标记　绳索：GB/T 3939.3—2004［S］. 北京：中国标准出版社.

中华人民共和国国家质量监督检验检疫总局，中国国家标准化管理委员会，2007. 绳索和绳索制品　系船用的天然纤维绳索与化学纤维绳索之间的等效性：GB/T 11789—2007［S］. 北京：中国标准出版社.

中华人民共和国国家质量监督检验检疫总局，中国国家标准化管理委员会，2007. 纤维绳索　通用要求：GB/T 21328—2007［S］. 北京：中国标准出版社.

中华人民共和国国家质量监督检验检疫总局，中国国家标准化管理委员会，2014. 聚酯与聚烯烃双纤维绳索：GB/T 30667—2014［S］. 北京：中国标准出版社.

中华人民共和国国家质量监督检验检疫总局，中国国家标准化管理委员会，2016. 纤维绳索　有关物理和机械性能的测定：GB/T 8834—2016［S］. 北京：中国标准出版社.

中华人民共和国国家质量监督检验检疫总局，中国国家标准化管理委员会，2017. 纤维绳索　聚酯　3 股、4 股、8 股和 12 股绳索：GB/T 11787—2017［S］. 北京：中国标准出版社.

中华人民共和国国家质量监督检验检疫总局，中国国家标准化管理委员会，2017. 纤维绳索　聚丙烯裂膜、单丝、复丝（PP2）和高强度复丝（PP3）3、4、8、12 股绳索：GB/T 8050—2017［S］. 北京：中国标准出版社.

中华人民共和国国家质量监督检验检疫总局，中国国家标准化管理委员会，2021. 纤维绳索　术语：GB/T 40273—2021［S］. 北京：中国标准出版社.

雷霁霖，2005. 海水鱼类养殖理论与技术［M］. 北京：中国农业出版社.

廖静，2019. 珠海“澎湖号”网箱平台：让养殖走向深远海［J］. 海洋与渔业（11）：62–63.

麦康森，徐皓，薛长湖，等，2016. 开拓我国深远海养殖新空间的战略研究［J］. 中国工程科学，18（3）：90–95.

石建高，2011. 渔用网片与防污技术［M］. 上海：东华大学出版社，208–418.

石建高，2017. 捕捞渔具准入配套标准体系研究［M］. 北京：中国农业出版社，151-201.

石建高，2018. 绳网技术学［M］. 北京：中国农业出版社，93-188.

石建高，2019. 深远海生态围栏养殖技术［M］. 北京：海洋出版社，170-222.

石建高，2020. 水产养殖网箱标准体系研究［M］. 北京：中国农业出版社，1-150.

石建高，2021. 深远海养殖用纤维材料技术学［M］. 北京：海洋出版社，1-153.

石建高，等，2016. 渔业装备与工程用合成纤维绳索［M］. 北京：海洋出版社，1-57.

石建高，等，2017. 捕捞与渔业工程装备用网线技术［M］. 北京：海洋出版社，1-40.

石建高，房金岑，2019. 水产综合标准体系研究与探讨［M］. 北京：中国农业出版社，1-47，120-145.

石建高，刘永利，王鲁民，等，2013. 深水网箱箱体用超高强绳索物理机械性能的研究［J］. 渔业信息与战略，28（2）：127-133.

石建高，孙满昌，贺兵，2016. 海水抗风浪网箱工程技术［M］. 北京：海洋出版社，1-218.

石建高，王鲁民，2003. 渔用超高分子量聚乙烯纤维绳索的研究［J］. 上海水产大学学报，12（4）：371-375.

石建高，余雯雯，卢本才，2021. 中国深远海网箱的发展现状与展望［J］. 水产学报，45（6）：992-1005.

石建高，余雯雯，赵奎，等，2021. 海水网箱网衣防污技术的研究进展［J］. 水产学报，45（3）：472-485.

石建高，张硕，刘福利，2018. 海水增养殖设施工程技术［M］. 北京：海洋出版社，1-102.

石建高，周新基，沈明，2019. 深远海网箱养殖技术［M］. 北京：海洋出版社，1-330.

石建高，2022. 深远海养殖用渔网材料技术学［M］. 北京：海洋出版社，1-150.

孙满昌，2005. 海洋渔业技术学［M］. 北京：中国农业出版社.

孙满昌，2009. 渔具材料与工艺学［M］. 北京：中国农业出版社，1-202.

唐启升，2017. 水产养殖绿色发展咨询研究报告［M］. 北京：海洋出版社.

王丹，吴反修，2021. 2021 中国渔业统计年鉴［M］. 北京：中国农业出版社，1-158.

徐皓，谌志新，蔡计强，等，2016. 我国深远海养殖工程装备发展研究［J］. 渔业现代化，43（3）：1-6.

徐君卓，2005. 深水网箱养殖技术［M］. 北京：海洋出版社.

徐君卓，2007. 海水网箱及网围养殖［M］. 北京：中国农业出版社.

徐俊杰，石建高，王猛，等，2022. 渔用高性能绳索材料的研究进展［J］. 河北渔业

（4）：38–44.

朱玉东，鞠晓晖，陈雨生，2017. 我国深海网箱养殖现状、问题与对策［J］. 中国渔业经济，35（2）：72–78.

左其华，窦希萍，2014. 中国海岸工程进展［M］. 北京：海洋出版社，772–799.

SHI J G，2018. Intelligent Equipment Technology for Offshore Cage Culture［M］. Beijing：Ocean Press，1–159.